庫

インテリジェンス

国家・組織は情報をいかに扱うべきか

小谷 賢

筑摩書房

目次

インテリジェンス——国家・組織は情報をいかに扱うべきか

はじめに——米英の失態

二〇〇二年中頃、緊張感を増すイラクの首都バグダッドで、英国秘密情報部（SIS、またはMI6）のオフィサーが、あるタクシー運転手から次のような証言を得た。「何年か前、イラク軍の高官達を客として乗せたことがあったが、その時に何か兵器の話を……確か四五分がどうとかいった話をしていたように覚えている……」。取り留めのない内容ではあったが、当時ロンドンからどんな些細な情報でも報告するよう命じられていたこのオフィサーは、「極めて曖昧」といった注釈を付け、この情報をロンドンの本部《ヴォクソール・ハウス》に報告した。

その後、このバグダッドからの情報は政府の中で誇張され、二〇〇二年九月二十四日に発表されたイギリス政府の「九月調査報告（*September Dossier*）」に、「サダム・フセインは命令後四五分以内に大量破壊兵器を配備することができる」という形で表記されてしまったのである。この調査報告はイラクの大量破壊兵器保有を示すものとして世界中に衝撃を与え、イギリスの報道機関は「四五分以内の化学兵器戦争」というドラスティックな見出しでこれを報じることになった。

同じ頃、アメリカの中央情報庁（CIA）はイラクがニジェールからウラン精鉱（イエローケーキ）を購入しようとしたという情報を得ていた。この出所は、元イタリア情報部員、ロコ・マルティノであり、彼は金銭目当てで曖昧な話をフランスの情報機関に売り渡したのである。この情報はフランス情報部からSISを経てCIAに提供され、ジョージ・ブッシュ大統領は二〇〇三年一月二十八日の一般教書演説で、「イギリスの政府機関はフセインがアフリカから相当量のウランを入手しようとしていたことを掴んだ」と述べるに至った。[1] ところがこの情報は全くのでたらめであった。

他方、イラクからの亡命技術者、「カーブボール」は欧米での豊かな暮らしを夢見て、イラクの化学兵器開発に関するでっち上げの証言を行い、事もあろうにそれがCIAで高く評価されてしまったのである。[2] 当時のCIA長官ジョージ・テネットは、「スラムダンク（絶対確実）」という言い回しでブッシュ大統領やコリン・パウエル国務長官を説得し、パウエルはこの情報を基に国連安全保障理事会でイラクの非を問う九〇分にも及ぶ演説を行った。演説中のパウエルの後ろには自信満々のテネットが控えていたが、その内容のほとんどは事実誤認であったことが後に判明している。[3]

そして二〇〇三年三月二十日、アメリカやイギリスを中心とする有志連合は、イラクが大量破壊兵器を開発・保持しているという理由でイラクとの開戦に踏み切った。その時、上記の様々な情報は有力な証拠の一つとして挙げられたのであるが、その後の調査ではイラクに大量破壊兵器など存在していなかったことが明らかになっている。ブッシュ大統領、トニー・ブレア首相はそれぞれの回顧録で「情報が間違っていた」、「インテリジェンスが誤っていた」と苦々しく綴っている。[4]

世界に名高い米英の情報機関が、ありもしない兵器の情報を集めてきて報告し、それが開戦の口実の一つとして利用されてしまったのである。なぜこんなことになったのだろうか。戦後この原因をめぐって様々な調査が行われてきたが、その鍵の一つは国家インテリジェンスに内在する問題にある。

インテリジェンスという観点から歴史を振り返れば、この手の「情報の失敗」は有史以来繰り返されてきたことであり、それは為政者や軍人が情報を扱うことの本質的な難しさを示している。例えば政治家が自分の追求する政策方針と入手した情報が大きく乖離する際にどのような態度を取るべきなのか、という問題は古今東西に見られるものである。またその他にもインテリジェンスには、相手の秘密を知りたいという欲求、その活動に伴う国家への忠誠心や裏切り行為など、人間の本性に訴えかけるような問題が数多く内在している。

本書はこのような国家インテリジェンスの世界を紐解きながら、スパイや暗号解読、さらには理論について考察し、インテリジェンスの本質に迫っていこうとするものである。

第1章　国家にとってのインテリジェンスとは

1　国家の知性

外交や安全保障分野における「インテリジェンス」とは一体何か。やや話が遠回りになるが、一般にインテリジェンスは生物の「知識、知能」の意味合いで使われるように、もともとは生物が「認識し、理解するための能力」である[5]。もし生物にインテリジェンスが備わっていなければ、食物を得ることも天敵から身を守ることもできず、すぐに死んでしまうだろう。すなわち生命にとってインテリジェンスとは、自らの身の周りの様々な情報（インフォメーション）を取捨選択するための能力であると理解できる。

国家の場合も外交や安全保障のためには情報を必要とする。これは平時も戦時もかわらないが、極端な例を挙げれば、戦時に相手の軍隊の武装や規模が全く分からなければこれに対抗しようがなく、国土はただ蹂躙されるがままとなってしまうだろう。平時においても情報は、「政府が政策を実行するために必要なもの」といえる。そして当然のことながら国家にとってもこのような情報を取捨選択する能力が必要であり、これをインテリジェンスと置き換えることができる。すなわち国家レベルのインテリジェンスとは「国家の知性」を意味し、情報（インフォメーション）を選別する能力ということになる。

英語圏ではインテリジェンスに「情報」という意味合いが与えられている。ウェブスター大辞典には「知性」に続く二番目の定義として、「インテリジェンスとは敵国に関する評価された情報」とある。今や国際政治や安全保障分野でインテリジェンスと言えば情報を指すが、同じ情報でもインフォメーションは「身の周りに存在するデータや生情報の類」、インテリジェンスは「使うために何らかの判断や評価が加えられた情報」といった意味合いになろう。

インフォメーションの類は、我々の周りに無数に存在している。しかしそれらはそのままでは使えないことが多い。そのため我々はデータを取捨選択し、加工して利用する。これを天気予報で例えるなら、気圧配置や湿度はデータ、すなわちインフォメーションにあたり、それらデータから導き出される「明日の天気予報」が加工された情報、これがインテリジェンスということになる。

ちなみにＣＩＡによる定義は以下の通りである。

最も単純化すれば、インテリジェンスとは我々の世界に関する知識のことであり、アメリカの政策決定者にとって決定や行動の前提となるものである。[6]

ただしこれはアメリカ流の定義であるということには留意が必要だ。例えば同じ英語圏でもイギリスではインテリジェンスに対するニュアンスがやや異なってくる。イギリスにおいてインテリジェンスは、「間接的に、もしくは秘密裏に得られた特定の情報」の意味を持ち、アメリカのものに比べると情報源に重きを置いている。[7]

イギリスのSISは情報収集に重点を置いており、また外務連邦省や国防省などの政策官庁も情報機関からの情報を元に情報分析、評価を行っているため、インテリジェンスを作り出す分析作業は情報組織の専売特許というわけではない。そのため現在でもSISが扱うインテリジェンスには「秘密情報」の概念が含有されており、政策サイドから見た場合、インテリジェンスとは情報機関が秘密裏に獲得してきてくれる情報、といった意味合いを帯びてくる。

他方、日本では諜報という言葉が使われてきたが、「諜」は密かに窺うことであることから、大抵はスパイ行為を意味してきた。日本において諜報は主に秘密情報を収集する意味合いが強く、そこには情報を分析して利用するという意味が含有されていない。そもそも日本語の「情報」は一般的にインフォメーションの意味で使われるため、「インテリジェンス」にもうまく対応しない。

そのため戦前の日本軍では分析済みの情報を査覈《さかく》資料と呼称し、防衛省・自衛隊などでは情報プロダクツ、加工情報とも呼んでいる。しかし一般的には「インフォメーション」と「インテリジェンス」は混同されており、肝心の「情報」に対するイメージも様々である。内閣情報調査室長として日本のインテリジェンスの要にあった大森義夫は、かかりつけの医者から「コンピューター関係の仕事ですか」と聞かれたエピソードを紹介している[8]が、まさに日本で「情報関係の仕事」といえばIT関連と取られるのが一般的だろう。

この手の混同は、国家レベルにおいてすらしばしば混乱の元となってきた。戦前の軍部にあっては、情報部とは新聞の切り抜き等のデータを集めてくるのか、収集した情報を分析し、インテリジェンスを生産するのか判然としていなかった。もちろん諸外国では後者であるが、戦前の日本軍において情報部局は前者と見られる傾向があり、情報部からの情報は大したことがないと思われていたのである。作戦や政策部局が本来ならば専門外であるはずの情報分析・評価を行って誤った結論を導き出し、多くの人命が犠牲となってしまった。

その際たるものは、一九四四年十月の台湾沖航空戦である。大本営は現地部隊からの過大な戦果報告を鵜呑みにしてアメリカの空母一九隻を撃沈したと大々的に発表し、海軍作戦部はこれを元に無謀ともいえる捷《しょう》一号作戦を実施した結果、事実上連合艦隊は壊滅した。これに対して海軍情報部は数々のデータから空母の撃沈はゼロと正確に判断していたが、この数字は無視された。

本書においては国家が使用するインテリジェンスを「国益のために収集、分析、評価された、外交・安全保障政策における判断のための情報」という意味合いで使用していく。ここで重要なのは、インテリジェンスが各省庁のためでも、政治家の知識欲を満たすものでもなく、「国益のため」という明確な目的の下で運用されているということなのである。この点が認識されていないと、金銭やイデオロギーのために他国に機密を売り渡すという行為に罪を感じなくなるであろう。

戦前の陸軍中野学校では国体学を徹底して教育したことで、明確な日本の国家像を持ったインテリジェンス・オフィサーが育てられた。このようにインテリジェンスは、国家や国益と不可分のものなのである。

2　国際関係におけるインテリジェンス

外交交渉や戦争行為には、国家の国益や生存がかかっているため、各国はあらゆる情報を集め、他国との比較優位に立とうとする。ただし国際政治や戦争は将棋やチェスとは異なり、相手の出方を把握しにくい非対称情報ゲームの典型的な事例である。これが遊戯であればお互いフェア・プレーの精神に則って指せるかもしれないが、国益や人命がかかるような重大な局面であれば、相手の懐にスパイや監視カメラを置いて、何としても相手の手の内を知ろうと躍起になるのは当然であろう。そのためインテリジェンス組織は国益を唯一の指針とし、あらゆる手段を使って情報を収集しようとする。

これは冷戦時代の極秘作戦の一つであるが、アメリカのCIAや国防情報局（DIA）はソ連の内情を探るために、真剣に超能力者の遠隔透視能力の開発に精力を注いでいた。このSFまがいの作戦は現在「スターゲイト計画」として知られているが、プロジェクトは大した結果を残さないまま放棄されている。[9] しかし冷戦期には今から見れば滑稽にも映るような超能力開発に莫大な予算をつぎ込み、どのような手段を使ってでも相手の内実を知ろうとしたのである。

一九五五年四月十一日、北京から香港に向かっていた中国政府のチャーター機「カシミール・プリンセス」が爆発の後、墜落した。これは台湾側の破壊工作であったといわれているが、実はこの便にはインドネシアで開かれるバンドン会議に出席予定の周恩来首相が搭乗する予定であった。中国側はこの工作を事前に察知していたとされており、周首相は急きょ予定を変更することで難を逃れたのである。[10] しかし中国側は工作に気づかぬふりをするため、周首相の予定だけを「偶然」変更し、あとの中国側スタッフをすべて予定通りに行動させた。このチャーター機の墜落によって中国側は多くの犠牲者を出したが、それと引き換えに国際社会に対して台湾側の非を大々的に糾弾することができたのである。

このようにインテリジェンスは熾烈な世界であるが、それでも各国はいかなる犠牲をも厭わない。これは各国の情報機関が、情報戦で相手の優位に立つことが国益に資すると信じているからである。インテリジェンスの究極の目的は、「相手が隠したがっていることを知り、相手が知りたがっていることを隠す」、すなわち彼我の差を生み出すことなのである。

またインテリジェンスの重要な役割の一つは、国家が奇襲攻撃を受けることがないよう警告を発することである。アメリカは日本の真珠湾攻撃に衝撃を受け、戦後CIAを設置することになった。今でもアメリカのインテリジェンスは奇襲攻撃の可能性に細心の注意を払っている。

国際関係におけるインテリジェンスは偶発的な戦争や危機がエスカレートすることを防いできた。多くの国の指導者が現状を維持するよりも、戦争によって得られるものの方が多いと考えれば戦争へのハードルは低くなるであろうが、戦略研究家マイケル・ハワードによると、一九六四年までに生じたほとんどの戦争の勃発は誤った情勢判断によるものとされる。[11]もし為政者が正しい情報を得て情勢判断を下していれば、戦争以外の手段を選んだのかもしれない。

アメリカ国家情報長官室（Office of DNI）によると、国家インテリジェンスは以下のような機能を担っているという。[12]

①敵国に漏洩させることなく、政策決定者に対して有効な判断材料を提供する。
②潜在的な脅威について警告する。
③重要事件の動向に対する情勢判断。
④状況の認知、確認。
⑤現在の状況に対する長期的な戦略的評価。
⑥国家の重要会議の準備、またその保全。
⑦海外出張の際の秘密保全。
⑧現在進行形の情勢に対する短期的な観測。
⑨重要参考人（特にテロ関連）に関する情報の管理。

国家インテリジェンスの世界は長らく「万人の万人に対する闘争」で有名なホッブス的な世界観に彩られてきたし、それは今もあまり変わらない。なぜならこの世界にはルールや制度といったものが存在していないため、事が公にならない限りは「何でもあり」ということになるからである。しかし何でもありといっても相手の報復や法的、倫理的な問題も常に付きまとうので、インテリジェンスの世界でも暗殺や破壊工作がそれほど頻繁に行われるというわけではない。第三者に情報を渡す際には情報元の了承を得るという「サード・パーティー・ルール」などは、各国のインテリジェンスが慣習的に作り上げてきた暗黙のルールといえる。

さらに二一世紀のインテリジェンスは、それまでの国家対国家という構図が、国家対国際テロ組織という非対称的なものに移ってきたために、アメリカを中心とした国家間でのインテリジェンス協力が推進されつつある。そうなると各国のインテリジェンスは協力のためにある程度の規範に沿って行動せざるを得なくなるだろう。[13]

3 シャーマン・ケントの定義

国家がインテリジェンスを扱う際、恐らく理想的なのは情報機関が的確な情報を集めて分析し、それを政策決定者が上手く利用して国益に資する、といった形であろうが、実際はなかなかそのようにはならない。まずどのように情報を集めるのか、といった情報収集の問題がある。特に相手の秘密情報を得るためにはスパイだけではなく、盗撮や盗聴といった手段が使われてきたし、現代ではそれが衛星情報や通信情報として大規模に行われている。

次に集めてきた膨大な情報をどのように処理するのか、といった問題がある。膨大な情報を前にしたとき、人間は直感的にスキミングして重要な情報を取り出そうとするそうであるが、その結果が間違っていることも多々ある。従っていかに効率よく客観的な情報処理を行えば良いのか、ということはどの情報機関にとっても悩みの種である。

たとえ情報を入手してそれを上手く処理したとしても、肝心の政治家や軍人がそれを受け付けなければそこまでである。政治家は大抵「役に立つ簡潔」な情報を欲しているが、情報機関から上がってくる情報は大抵「長くて曖昧」なことが多く、こうなると政策決定者は情報機関からの情報にあまり耳を傾けなくなる恐れがある。また官僚機構に特有の縄張り争いは情報にまつわる様々な問題を政治化してしまう。さらには収集、分析したインテリジェンスが漏洩しないような処置も必要となるし、最近では情報機関が秘密工作などに暴走しないように監視する、情報組織に対する統制の問題もある。

国家のインテリジェンスが上手く機能するためには、少なくとも上記の問題をきちんと解決しておかなくてはならないのである。それらを纏めると、プロセスの問題（情報収集、情報分析・評価、政策決定者への情報の配布）、組織や制度の問題、情報保全の問題、情報機関の監視等であり、これらの諸問題を考察することが国家インテリジェンスへの理解の核心といえる。

古来より脈々と続いてきたスパイの歴史に比べると、インテリジェンスの概念が本格的に検討されるようになったのは、比較的最近のことである。一九四九年、当時イェール大学の歴史家であり、後にＣＩＡの情報分析官を務めることになるシャーマン・ケントは、

『アメリカの世界政策における戦略インテリジェンス（*Strategic Intelligence for American World Policy*）』という書物を上梓し、インテリジェンスがアメリカの世界戦略にとって不可欠であることを説いた。[14]

ケントが本書を執筆した動機は、アメリカが核時代にあって二度と真珠湾のような奇襲に甘んじてはならないという危機感にあり、それは当時の政策決定者や情報関係者に広く共有されていた。ケントの究極的な目標は、得られる情報を丹念に分析し、敵の出方を完全に予測できるようなインテリジェンスを生み出すことにあった。

このようなインテリジェンスを生産するため、まずケントはインテリジェンスの概念を「知識、組織、活動（機能）」に分類して検討している。彼の定義によるとインテリジェンスとは、①国家が国益を追求するために不可欠な知識（情報）、②情報を扱う専門の組織、③情報収集や分析、そして政策決定者による利用までを含む一連のプロセス、の三つの意味を内包しているのである。

イギリスのインテリジェンス・オフィサーとして活躍したマイケル・ハーマンは、彼の代表作となる著作に『平時と戦時におけるインテリジェンスの力（*Intelligence Power in Peace and War*）』と名付けたが、これはインテリジェンスという「知識」が国際政治における「力」に転化されることを示唆している。[15] インテリジェンスは、外交政策、軍事作戦、経済政策など様々な分野に情報を提供し、国益に貢献しているのである。

古今東西、インテリジェンスは戦場や国際政治の趨勢に多大な影響を及ぼしてきた。既に述べてきたように情報における基本的な考え方は、彼我の知識の差によって、相手に対する比較優位を作り出すことである。相手が知らない事や相手の機密事項を事前に把握しておくことは、国際政治の場において有利な状況を生み出す。

一九二一年のワシントン海軍軍縮会議においては、米英側は通信傍受によって日本全権団の譲歩できる数字をあらかじめ把握した上で交渉に臨み、日本側の譲歩を引き出した。逆に日本も一九四〇年九月に北部仏印進駐を実行する際には、事前に英米仏の外交通信を解読し、日本が仏印に進駐しても諸外国の武力介入を招かないと判断した上で進駐を実行していたのである。このように相手の意図を事前に知っておくことは、交渉において威力を発揮する。

インテリジェンスとは単なる知識や情報ではなく、国力の源泉の一つである。その力が発揮されるためには、適切なタイミングで使用されなければならない。機微な情報を入手したのは良いが、機密情報であるが故に取り扱いに慎重になりすぎ、結局利用する機会を逃してしまったという話は枚挙に暇がない。ハーマンが説くように、インテリジェンスはその使い方によって、戦時、平時を問わず、国力の重要な一部となるものである。

第2章　インテリジェンスの歴史

1　最古の職業――スパイ

スパイが人類で最も古い職業の有力候補であることはよく知られた事実であり、このことは相手の秘密を探る営みが人類の争いや交渉の歴史とともに古いものであったことを示している。記録に残っている最古の事例の一つは、紀元前一二七四年頃の古代エジプトとヒッタイト間で争われたカデシュの戦いにおけるスパイに関する記述である。[16] またメソポタミアでは紀元前一四世紀のスパイの記録が残っているともされており、この時代から既にスパイを使った情報収集が行われていた。

旧約聖書にも神の啓示を受けた、モーセがイスラエル各部族の長をカナーンの地に偵察隊として派遣し、情報収集を指示したことが記されており、ここでもスパイの役割というものが認識されていたようである。時代は下るが、日本でも崇神天皇の時代に大彦命が見知らぬ少女から敵情を知らされたという逸話が残っている。[17]

恐らく世界で最も早くスパイや情報の重要性を見抜いたのは、古代中国の孫子であろう。中国ではこの時代のスパイは「間」と呼ばれていたが、これは二つ折りにされた封書の間を覗こうとする行為に由来している。[18] 日本でもここからスパイを間諜と呼ぶようになった。

孫子が「用間篇」としてスパイによる情報収集の重要性を説いたことはあまりにも有名だが、孫子がこの分野で卓越していたのは、それまでの占いによる情勢判断ではなく、人智、つまり人による情報収集手段を類型化しながら、その重要性を説いたことである。

孫子は、「聡明な君主やすぐれた将軍が行動を起こして敵に勝ち、人なみはずれた成功を収める理由は、あらかじめ敵情を知ることによってである。あらかじめ知ることは、鬼神のおかげで――祈ったり占ったりする神秘的な方法――できるのではなく、過去のでき事によって類推できるのでもなく、自然界の規律によってためしはかれるのでもない。必ず人――特別な間諜――に頼ってこそ敵の情況が知れるのである」[19] として、政治家や軍人がそれまでの超自然的な手段に頼ることを退けたのである。このような孫子の思想は飛鳥時代には日本にももたらされ、その後日本のインテリジェンスの下敷きとなった。

また古代インドの『実理論』でも同じく人の手によるスパイの重要性を強調している。[20] 古代インドでは孫子ほど厳密に人智と占いを区別していたわけではないようだが、それでもスパイやハニートラップが盛んに活用されていたようである。さらに時代を下ると、イスラムのアッバース朝では世界に先駆けて暗号解読の技法が進歩した。[21] これらの事例は世界各地で相手の秘密を窺い知るスパイやインテリジェンスの技法が生まれ、独自に進化していったことを物語っている。

これに対して古代ギリシャやローマでは、インテリジェンスの概念はあまり発展せず、アレクサンダー大王やハンニバル、大スキピオといった例外を除くと、せいぜい戦時に斥候が利用されていた程度に過ぎなかった。またその後中世ヨーロッパにおいてもそのような傾向は変わらなかった。ヨーロッパの諸王は、ビザンチン帝国や東スラブ族についてあまり知る機会がなく、イスラムについてはほとんど知らなかったのである。[22]

2　中近世ヨーロッパの対外インテリジェンス

中世ヨーロッパにおける情報収集は、主に旅回りの行商や役者など自由に旅をできるものが行っていた。彼らは高給を支払われて各地の情報を収集していたが、万が一捕まった場合、拷問を受けて処刑されるのが普通であった。この時代、スパイには「観察者」という意味の単語、「エスピアル（espial）」が使われるようになり、これが現代の「エスピオナージ（espionage）」、すなわちスパイの語源となった。[23]

その後一五世紀になるとイタリアで恒久的な外交使節となる在外公館制度が導入され、外国情報はここを通じて収集されるようになる。特に大使は赴任先からは公式のスパイとして情報収集活動を認められていたのである。この時代以降、外国情報収集の任務は外交官の手に委ねられることになったが、外交官は秘密情報からニュースなどの公開情報まで幅広く集めていた。そして一六世紀になるとヨーロッパの多くの国がこの制度に倣うようになるのである。一七世紀のフランスの外交官、フランソワ・ド・カリエールは、「大使は尊敬すべきスパイと呼ばれる」という一節を書き残している。[24]

日本にとって対外情報とは古来より朝鮮半島や大陸の情勢のことであった。かつて聖徳太子は隋が高句麗と対立している情勢をよく吟味した上で、有名な「日出処天子」の国書を隋に送り届けた。[25]また一二七五年、北条時宗は元からの使者、杜世忠ら五名をスパイと断じて処刑している。そしてその後も派遣されてきた使節を次々と処刑して元寇に備えた。当時の超大国、元を相手にしても引くことなく防諜の方針を貫いた時宗の判断は評価されるべきであろう。

戦国大名達が情報を重宝していたのは想像に難くない。真偽のほどは定かではないが、織田信長の家臣であった簗田政綱の桶狭間における活躍や、武田信玄の軍師、山本勘助の間者を利用した情報収集に関する逸話が残されており、これらは戦における情報の重要性というものが認識されていたことを示す事例といえる。また朝倉孝景条々や甲州法度次第といった当時の分国法には、現代風に言うところの機密保持に関する規定があり、情報漏洩にも配慮されていたことは興味深い。江戸時代には、山鹿素行のような軍学者が孫子の教えを日本流に咀嚼したり、日本独自の忍者や隠密の重要性を説いたのである。

他方、近世ヨーロッパでのインテリジェンスの発達は、戦争の頻発と密接に関連していた。そもそもヨーロッパで国家システムが整備されていったのは、血なまぐさい宗教戦争を避けるためであったが、逆に国家が作られるとそれは戦争遂行装置として機能することになる。そしてインテリジェンスもそこに組み込まれていったと考えるのが自然であろう。また一五〇六年、ヴェネチアがジョヴァンニ・ソロをヨーロッパで初めての暗号解読官に任命したのを皮切りに、ヨーロッパ諸国では手紙の暗号解読が普及することになる。[26]

この時代のインテリジェンスでよく知られているのは、一六世紀イングランドのフランシス・ウォルシンガムの活動である。ウォルシンガムは若い頃、イタリアでインテリジェンスのノウハウを学び、外交官として駐仏大使を務めた後、王璽尚書という重臣の地位に就き、国内外のインテリジェンスを自ら整備した人物である。彼は一五七三年に機密費の制度を設置し、国家の予算によって情報を収集するという現在にも通じるシステムの基礎を作ったのである。

ウォルシンガムのインテリジェンスは、欧州大陸中に広げられた情報網とロンドンに設置された暗号研究所に依るところが大きかった。暗号研究所はカトリックの反体制派がやり取りしていた手紙の暗号文を解読し、エリザベス女王の暗殺が計画されていたバビントン陰謀事件を未然に防いだのである。また大陸の情報網は当時の超大国スペイン無敵艦隊を破ったアルマダの海戦に貢献した。このようなウォルシンガムの貢献によってイングランドは二度も危機的な状況を切り抜けることができたため、今でも彼はインテリジェンスの先駆者としての評価が高い。

その後ウォルシンガムの情報機関も常設にまでは至らず、その後オリバー・クロムウェルの下で国務長官を務めたジョン・サーローがイングランドのインテリジェンスを管理・運用することになる。ただしインテリジェンス分野においてイングランドが当時常勝であったというわけではない。例えば第二次英蘭戦争中の一六六七年六月、イングランドは情報収集の失敗からオランダ艦隊のテムズ河侵攻を許してしまっており、チャタムの港と停泊していた軍艦がオランダ軍によって焼き尽くされた[27]。これは戦争の帰趨を決定づけるほどの失態であった。

一七世紀になるとヨーロッパ諸国は競うように暗号解読を専門とする「ブラック・チェンバー」を設置しており、その中でも暗号解読能力で名声を得ていたのはウィーンに設置された枢密内閣官房であったという。その後ヨーロッパでは暗号解読作業が活況を呈し、暗号解読だけではなく、手紙の盗み方や封の偽造、筆跡鑑定など様々な技術が進展するのであった。

3 軍事・保安インテリジェンスの発達

アメリカで独立戦争が勃発すると、インテリジェンスの類まれなる能力を発揮したのは、後にアメリカ初代大統領となるジョージ・ワシントンであった。ワシントンにはその性格の誠実さを物語る桜の木の逸話が残されているが、実の所はインテリジェンスや策略に秀でた人物であった。ワシントンは暗号や秘密インクにも関心を示し、それらを活用したのである。そしてそのような傾向は彼が初代大統領となってからも変わらず、一七九二年には連邦予算の一二パーセントにあたる一〇〇万ドルもの費用が、秘密情報組織用の予算として計上されていたのである。[28] これは当時としては法外な金額であった。

この時代のインテリジェンス・オフィサーといえば、イェール大学出身の英雄、ネイサン・ヘイルを避けて通るわけにはいかない。ヘイルはアメリカ側のスパイとしてイギリス軍の動向を探っていたが、それが発覚した後に逮捕、一七七六年九月二十二日には絞首刑に処された。ヘイルはスパイとして特に並外れた活躍をしたわけではなかったが、彼が残した「私はこの国のために失う命が一つしかないことを悔やむ」という最期の言葉は、インテリジェンス・オフィサーが有するべき愛国心の手本として現在も良く知られている。[29]
アメリカ史におけるヘイルは国家の英雄であり、彼の銅像はＣＩＡ本部を含む様々な政府庁舎に建てられ、また切手のデザインに選定されたこともある。

他方、軍事インテリジェンスはナポレオンの登場によって一変する。彼は戦場における情報や密偵の価値を高く認めた上でそれを利用しており、また戦場での情報伝達の手法にも注意を払った。それまで戦場の情報を後方に伝えるには、早馬を走らせるか狼煙を上げるぐらいしか手段がなかったが、ナポレオンが導入した腕木信号によって一時間に数千キロ先まで情報を伝達できるようになったという。[30]

また彼は情報戦に秀でた参謀——ジャン・サヴァリー将軍やジャン・ランドリュー騎兵将校を用いて積極的な情報収集を行った。サヴァリーの下でスパイとして仕えたカール・シュールマイスターは、ナポレオンにも認められるほどの優秀なエージェントとして活躍した。一八〇〇年のマレンゴの戦いや一八〇五年のウルムの戦いでは情報が巧みに利用され、それがナポレオン軍連勝の一因となったのである。

ナポレオンと対峙したかのカール・フォン・クラウゼヴィッツは、戦場における情報について「我々が戦争において入手する情報の多くは互いに矛盾している、それよりも更に多くの部分は誤っている、そして最も多くの部分はかなり不確実である」という感想を残しているが、これはナポレオンが相手を混乱させるために流していた偽情報が巧妙であったことの裏返しともいえる。[31]ただしクラウゼヴィッツの時代にはまだ情報収集や分析が組織的に行われていなかったため、情報があまりあてにならなかったというのも仕方のないことである。

この時代、インテリジェンスは金融の分野でも利用されていた。古典的な事例としては、イギリスの銀行家であったネイサン・ロスチャイルドが情報によって巨万の富を得たというものがある。ロスチャイルドは彼の兄弟達とともにヨーロッパ大陸中にビジネスのための情報網を開拓しており、そこに生じたのが一八一五年のナポレオン率いる仏軍とウェリントン公率いる英蘭連合軍の戦いであった。ロンドン市場もこの戦いに注目しており、イギリスが勝てば買い、負ければ売りとの観測であった。この時、ロンドンにいたロスチャイルドは、ドーバー海峡を隔てた数百キロ先の戦場の情報を得ており、イギリス政府よりも一日早くイギリスの勝利を知ったという。

しかしここでロスチャイルドは、イギリス証券を猛烈な勢いで売りこんだ。ロスチャイルドの一挙一動を見守っていた市場関係者は、彼の売りを見てイギリスが敗北したと判断し、市場の株価は暴落した。そしてロスチャイルドは株価が底を付いたのを見計らい、今度は猛烈な買いに転じ巨万の富を得ることになった。この「ネイサンの逆売り」は、情報を金融面で上手く利用した古典的なケースである。

他方、鎖国体制の江戸幕府ですら長崎からはオランダ、蝦夷からはロシア、琉球・対馬からは朝鮮・中国に繋がる情報ネットワークを有しており、それは当時としては相当広範なものであった。そのような情報網によって幕府はナポレオンがヨーロッパを席巻した情報や、アヘン戦争で清が敗北した様子などを知ることができた。また幕府はオランダを通じて一八五三年六月三日にペリーが来航することを事前に察知しており、老中阿部正弘はこれに対して不十分ながらも海防を整えることができたのである。[32] これは江戸幕府が海外情勢に関心を示し、定期的に対外情報を収集していたことの表れである。

一九世紀の半ばにもなるとインテリジェンスは外交機関が収集する海外情報、治安機関が収集する国内情報、そして軍部が収集する軍事情報へと明確に分化していく。そしてこの時代になるとインテリジェンスの収集や分析が組織的に行われるようになる。それまでの時代は、主に政治家や軍人の個人的技量が幅を利かせた時代であったが、一九世紀以降は組織力がインテリジェンスを左右するようになった。その原因は国家が扱うべき情報量が格段に増大したことで、もはや個人ではそれを処理しきれなくなっていたからである。

特に一九世紀に発達したのは、軍事情報部と国内治安組織である。まず一九世紀半ば以降は蒸気機関や製鉄、電信などの産業技術が軍事方面に応用されつつあったため、軍隊もこれら技術にまつわる情報や作戦の際の地誌情報を収集する必要性が生まれた。有名なモルトケのプロイセン参謀本部は情報を重視した編成であったし、一八七一年にはフランス参謀本部が情報を専門とする参謀本部第二部を設置している。この仕組みはその後アメリカや日本が参考にすることになる。

一方、この時期の大陸ヨーロッパ諸国はアナーキズムや共産主義思想などの広がりによって、常に民衆の反乱や革命に晒されていた。そのため各国の君主や政府はこれら運動を監視・弾圧するための秘密警察や公安機関を組織することになる。アナーキストの始祖、ピョートル・クロポトキンやカール・マルクスらを監視していたロシアの内務省秘密警察（オフラーナ）や、プロイセンの秘密警察を率いたヴィルヘルム・シュティーバーなどは悪名高い。[33] シュティーバーの場合は国内情報だけではなく、外交・軍事情報にもその辣腕をふるい、ビスマルクや大モルトケによるドイツ統一の偉業に少なからず貢献したといえる。シュティーバーが一八九二年に亡くなった際には多くの弔問客が詰めかけたが、これは彼が本当に死んだのか確かめるためだったという。

フランスでは一八一二年に公安部（スルーテ）が、イギリスでは一八八七年にロンドン警視庁（スコットランド・ヤード）内の治安情報を専門とするスペシャル・ブランチが設置されている。アメリカのＦＢＩも正式の設置は一九〇八年であるが、その前身は既に一八七一年から活動していた。[34]

既に海外に進出して広大な帝国を築いていたイギリスに比べると、大陸ヨーロッパ諸国は戦争や国内の反体制運動の脅威に晒されており、逆にそれに対処するために軍事、治安インテリジェンスを発展させたのである。そのためこの分野でイギリスは他のヨーロッパ諸国に水をあけられており、世紀末に生じた第二次ボーア戦争ではイギリスの軍事インテリジェンスの貧弱さが露呈してしまった。しかしイギリスはこの苦戦をきっかけに、自らのインテリジェンスの問題点を検討することになる。

4　対外インテリジェンス組織の誕生と技術情報の発展

二〇世紀初頭の一九〇六年、ウィリアム・ルクーの小説、『一九一〇年の侵攻（*The Invasion of 1910*）』がイギリスで一〇〇万部を超える大ヒットとなった。これはドイツ軍によるイギリス侵攻を描いたフィクションであったが、あまりに現実味があったために、イギリスのマスコミは一斉に「スパイ・フィーバー」と呼ばれたドイツへの危機感を煽ることになった。当時のアスキス政権はこの世論の高まりを無視することができず、一九〇九年に情報を扱うことを専門とした初の組織、秘密情報部（ＳＩＳまたはＭＩ６）と保安部（ＭＩ５）の前身が設置されることになる。こうしてようやく現在見られるような、インテリジェンスを専門とした国家の常設機関が創設されたのである。

日本では明治以降、陸海軍が情報部を設置しているが、基本的には脈々と受け継がれてきた孫子の思想がその根幹にあった。明治時代には幕末の動乱を生き残った政治家がインテリジェンスの重要性をよく理解していたのである。日露戦争時に日本のインテリジェンスの中心的人物であった福島安正は孫子を師と仰ぎ、日本の勝利に情報面から大いに貢献した。また同時期にロシアで活躍した明石元二郎は、その後陸軍中野学校の模範となっただけでなく、今でも日本屈指のスパイマスターとして国際的に評価が高い。
第一次世界大戦ではそれまでになかった情報収集手段が確立される。それは通信傍受や偵察写真などの技術情報であり、大戦はこれら技術情報が本格的に導入されたインテリジェンス戦争の側面を色濃く持つ。戦略研究家マイケル・ハワードは「技術情報分野は第四の戦場となった」と評価している。[35]
その最も劇的な事例は、第一次大戦中の一九一七年三月に表面化したツィンメルマン事件であった。一九一七年一月十七日、イギリス海軍情報部の暗号解読組織、通称「四〇号室」はドイツ政府からメキシコ政府に秘密裏に送信された暗号文を傍受、解読した。そこにはメキシコが対米参戦した暁には、メキシコはドイツよりアメリカ領土を割譲されるとの密約が記されていたのである。この秘密文書はイギリスからアメリカに秘密裏に提供され、当時中立を標榜していたアメリカを対独参戦に踏み切らせたのである。[36]アメリカの対独参戦は、第一次世界大戦の帰趨を決し、さらにはその後の国際政治にも影響を与えたという意味で、二〇世紀前半における国際政治の一大転換点となった。イギリスは巧みに秘密情報を利用することによって、戦争から距離を置いていたアメリカを参戦に導いたのである。
第一次世界大戦は各国のインテリジェンスのあり方に大きな影響を与えた。まず総力戦の登場によって、それまで軍事情報や地誌情報のみを扱っていた情報機関は、相手国の政治状況や産業、国民の士気といった情報まで収集、分析する必要性が生じ、またそれに関連してプロパガンダといった手段も大々的に使用されるようになった。

そしてツィンメルマン事件に見られるように、通信傍受情報や航空機による偵察情報などの技術情報が戦争の帰趨に影響を与えるようになったのである。さらに大戦後のヴェルサイユ条約によって秘密外交の類が禁止されたため、それまで秘密情報も扱っていた外交官は外交のみに専念するようになり、新たに設置された対外情報機関が海外の秘密情報を専門に収集することになった。

その後の第二次世界大戦においては、通信傍受・暗号解読能力が戦争の帰趨を制したと言っても過言ではない。イギリスはドイツのエニグマ暗号を一九四一年半ばまでに解読することにより、その後の戦いを優位に進めることができた。この解読情報は「ウルトラ」と呼ばれ、第二次世界大戦の中で最も長く戦われた大西洋の戦いにおいては、ウルトラ情報によってドイツ側の通商破壊兵器、Uボートの位置を事前に把握することに成功し、イギリスは海上封鎖による危機を脱している。また北アフリカにおけるロンメル将軍との戦いやノルマンディー上陸作戦においても、ウルトラ情報はその威力を発揮し、連合軍の作戦を秘密裏に支えた。[37]

太平洋戦線ではアメリカ軍が日本海軍の作戦暗号の解読に成功し、ミッドウェイ作戦での勝利や山本五十六連合艦隊司令長官機撃墜といった戦果を残している。これら暗号解読情報によって第二次世界大戦は数年早く決したとも言われている。ただし枢軸側でも連合国の外交暗号や軍事暗号の一部を解読していたことが判明しているので、暗号解読は連合国側のワンサイドゲームというわけではなかった。特に日本陸軍の暗号解読班がアメリカの強度の高いストリップ暗号を解読していたという事実は特筆されるべきであろう。[38]

第二次大戦後には多くの国で現代にも通じる情報機関が設置されることになる。一九四七年にはアメリカの中央情報庁（CIA）、一九四九年にはイスラエルのモサド、一九五二年には日本の内閣情報調査室、一九五四年にはソ連国家保安委員会（KGB）、一九五六年にはドイツの連邦情報庁（BND）といった具合である。冷戦はこれら情報機関の間で戦われたインテリジェンス戦争の側面も持つ。

そして技術的情報収集手段は冷戦においてさらに進展していく。通信傍受はかつてない世界的な規模で展開されるようになり、航空機による偵察写真は宇宙空間から地上を撮影する偵察衛星へと進化を遂げていくことになる。マイケル・ハーマンは、「偵察衛星の実用化は冷戦における最も偉大なインテリジェンスの成功だった」と評しているが、[39]これは衛星写真が相互不信から生じる偶発的核戦争の危険性をも減じさせたためである。

また膨大になったデータに対応するため、情報分析や集約の手法、組織形態もどんどん複雑化していくことになる。この分野で培われた手法はビジネス分野などにも波及し、現在では「コンペティティブ・インテリジェンス」として知られている。[40]

冷戦の終結後は大規模な国家間戦争の可能性が薄くなったため、各国は一時的にインテリジェンスを縮小したが、9・11同時多発テロに始まるテロとの戦いが、国家インテリジェンスに再び存在意義を与えた。現在は国際テロとの戦いに加え、サイバー領域における情報戦が注目を集めつつある。二〇世紀は技術情報全盛の時代であったが、恐らく二一世紀はテロやサイバー領域での戦いに加え、精度の高い情報分析と、各国に配置された各情報機関の連絡係（リエゾン）を介した国際的なインテリジェンス協力が鍵となる時代になるだろう。[41]

以上、スパイやインテリジェンスは一義的には戦争を有利に戦うための手段として発達してきたのである。ヨーロッパで特にインテリジェンスが発達したのは、戦争の頻発とそれに伴う国民国家の成立と無縁ではない。また一九世紀以降には国内の革命運動家を監視する保安組織が新たに登場し、インテリジェンスは組織化されていった。対外情報は長らく外交官に委ねられてきたが、二〇世紀になると秘密外交が禁止されたことにより、外交は外交官、海外情報は対外情報機関へと役割が分担されることになるのである。

人類は古来より相手の情報を知るために膨大な労力を割いてきた。スパイという職業が人類の歴史の中で最古のものの一つに数えられるのは、相手の秘密を探るという行為が、人間社会における争いや競争と密接に関連してきたことの現れである。組織や個々人の間に競争原理が働く限り、相手の秘密を知ろうとする行為はこれからも未来永劫続くのである。

第3章　組織としてのインテリジェンス

1　情報組織とコミュニティ

　インテリジェンスは「情報活動を行う組織」の意味も内包している。ケントは「特殊な知識を探求するための組織」と定義しているが、この定義だと大学組織やシンクタンクも当てはまる。よってもう少し詳しく言えば、「国家の政策決定のためにインフォメーションやデータを収集、分析・評価してインテリジェンスを生産し、それを政策決定者に配布するための専門の組織」ということができる。情報組織は国益を指針とする、政策決定者のためにインテリジェンスを生産する、秘密の情報源を持つ、といった点において大学やシンクタンクとは異なるのである。

　第二次世界大戦後、各国は対外情報機関とともに、機密の漏洩を防ぐ防諜・保安機関や、通信傍受情報や衛星画像情報に特化した組織を設置し、インテリジェンスを扱う組織は増加した。現在、欧米諸国のほとんどの国では対外情報組織、防諜・保安組織、軍事情報組織が中心となって国家インテリジェンスを運営しており、これらを総称して「インテリジェンス・コミュニティ」と呼んでいる。

例えばアメリカでは国家情報長官（DNI）を頂点とした一七もの情報機関が、イギリスではSIS、保安部（MI5）、政府通信本部（GCHQ）、国防情報本部（DI）、警察機関等で構成されるインテリジェンス・コミュニティが存在している。ドイツであれば連邦情報庁（BND）、憲法擁護庁（BfV）、軍事情報部（G-2）と軍事保安局（MAD）、イスラエルであればモサド（対外情報機関）、シャバク（保安機関）、アマン（軍事情報部）、ロシアは連邦保安庁（FSB）、対外情報庁（SVR）、参謀本部情報局（GRU）、韓国は国家情報院（NIS――対外情報収集と防諜機能を持つ）、DIC（国防情報本部）、国軍機務司令部（DSC）といった具合である。

日本は従来、内閣官房の内閣情報調査室を中心に、外務省国際情報統括官組織、防衛省情報本部、警察庁警備局、公安調査庁が情報コミュニティを形成していたが、最近では拡大コミュニティとして、財務省、金融庁、経済産業省、海上保安庁などの関係部局も状況に応じてメンバーに加わっている。

アメリカのインテリジェンス・コミュニティの規模は、人員二〇万人、予算八〇〇億ドル、これはアメリカ軍の一五〇万人、六〇〇〇億ドルと比べるとおよそ一〇％強になる。イギリスのコミュニティは一・六万人、二〇億ポンド（ここに軍事情報部であるDIの予算

図1-1　アメリカのインテリジェンス・コミュニティ（主な組織）

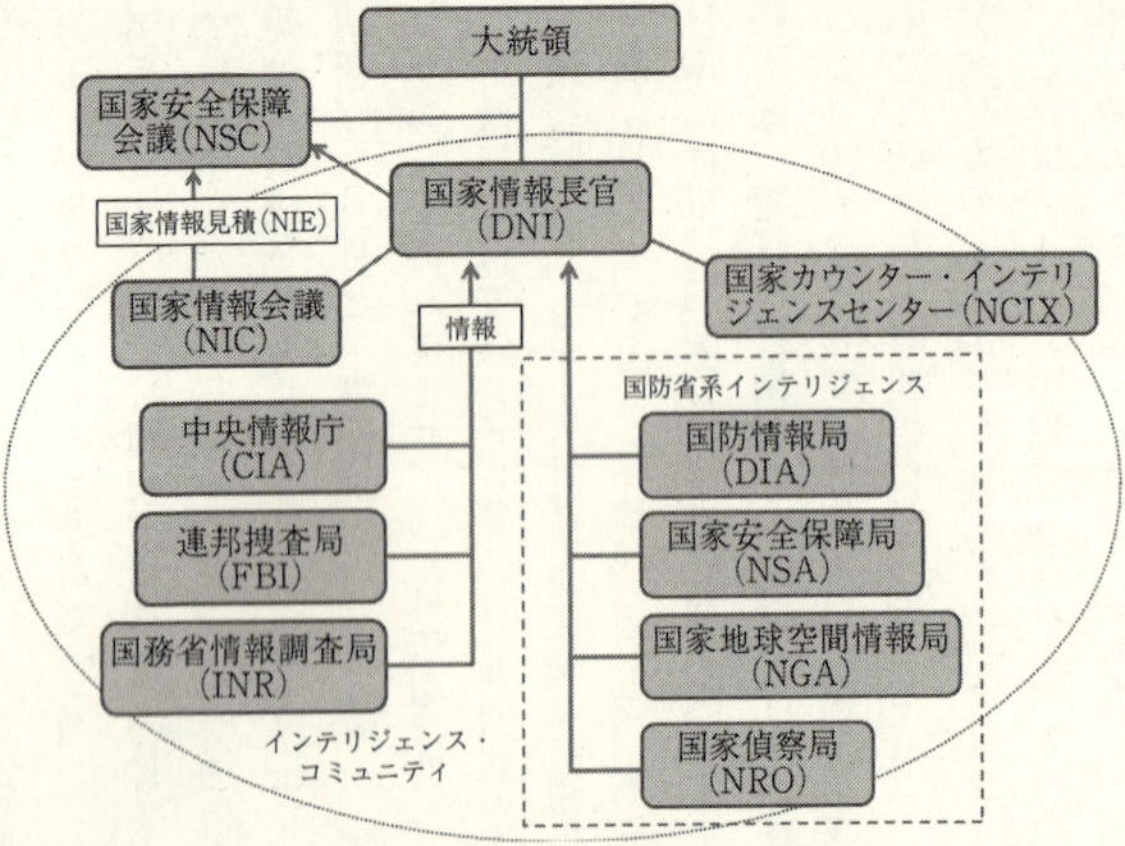

図1-2　イギリスのインテリジェンス・コミュニティ

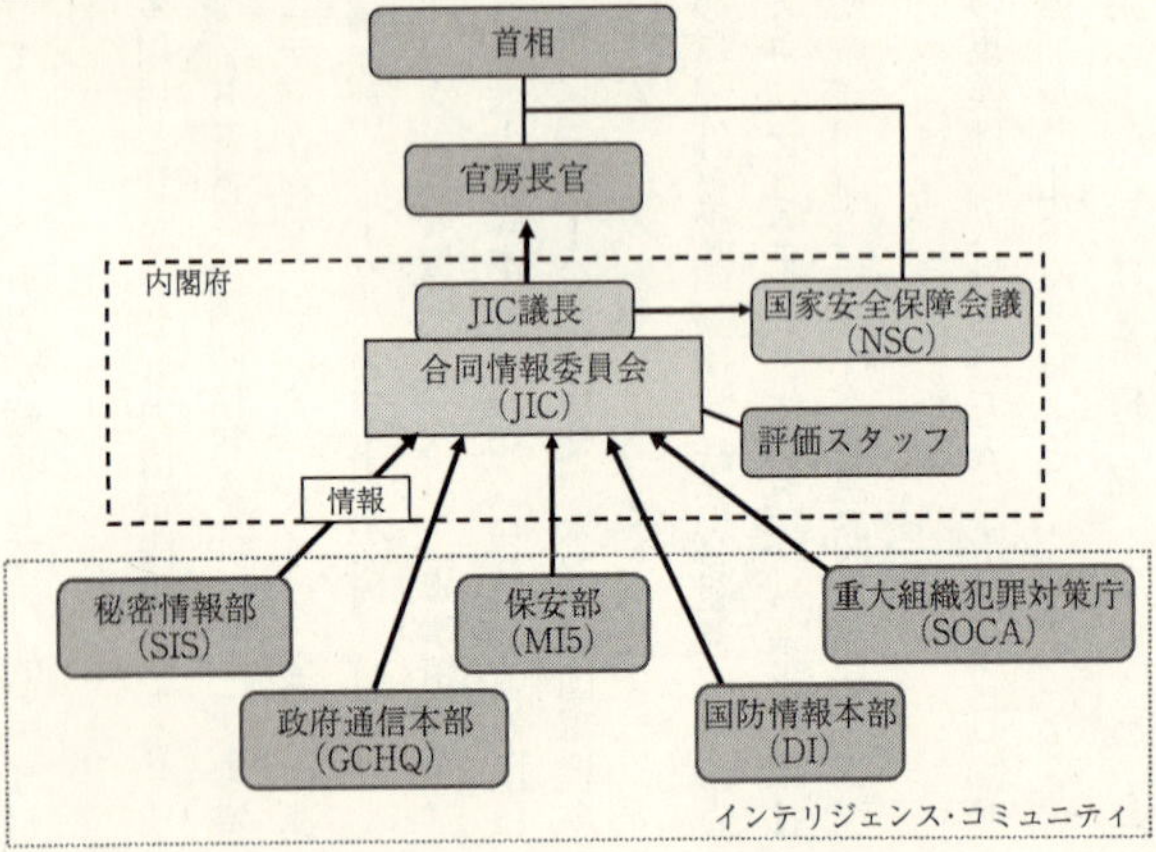

図1-3　ドイツのインテリジェンス・コミュニティ

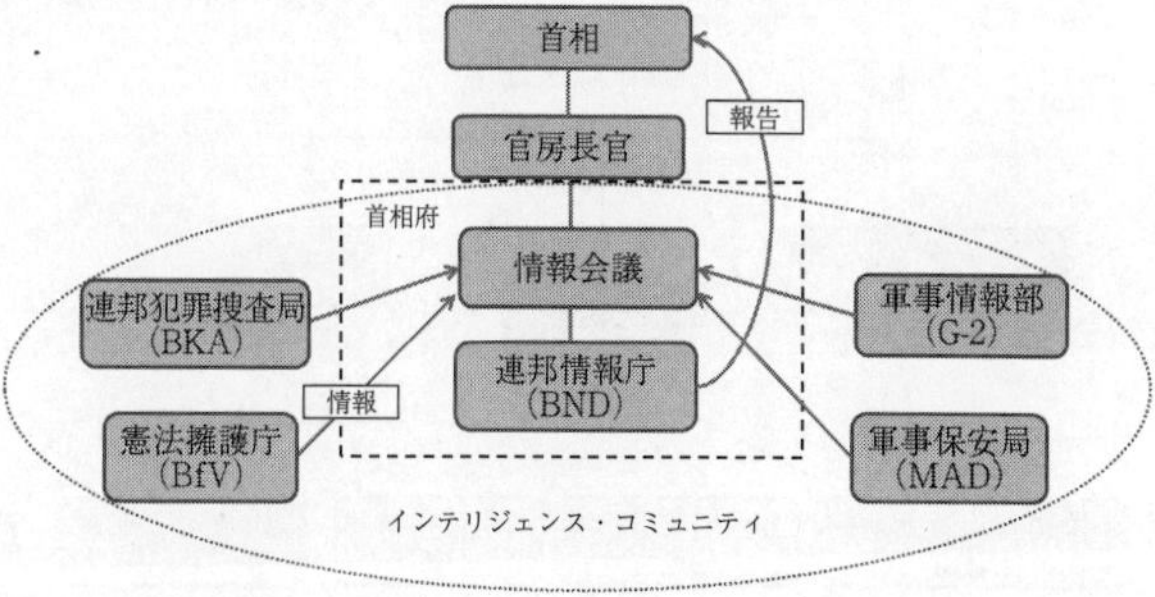

図 1-4　イスラエルのインテリジェンス・コミュニティ

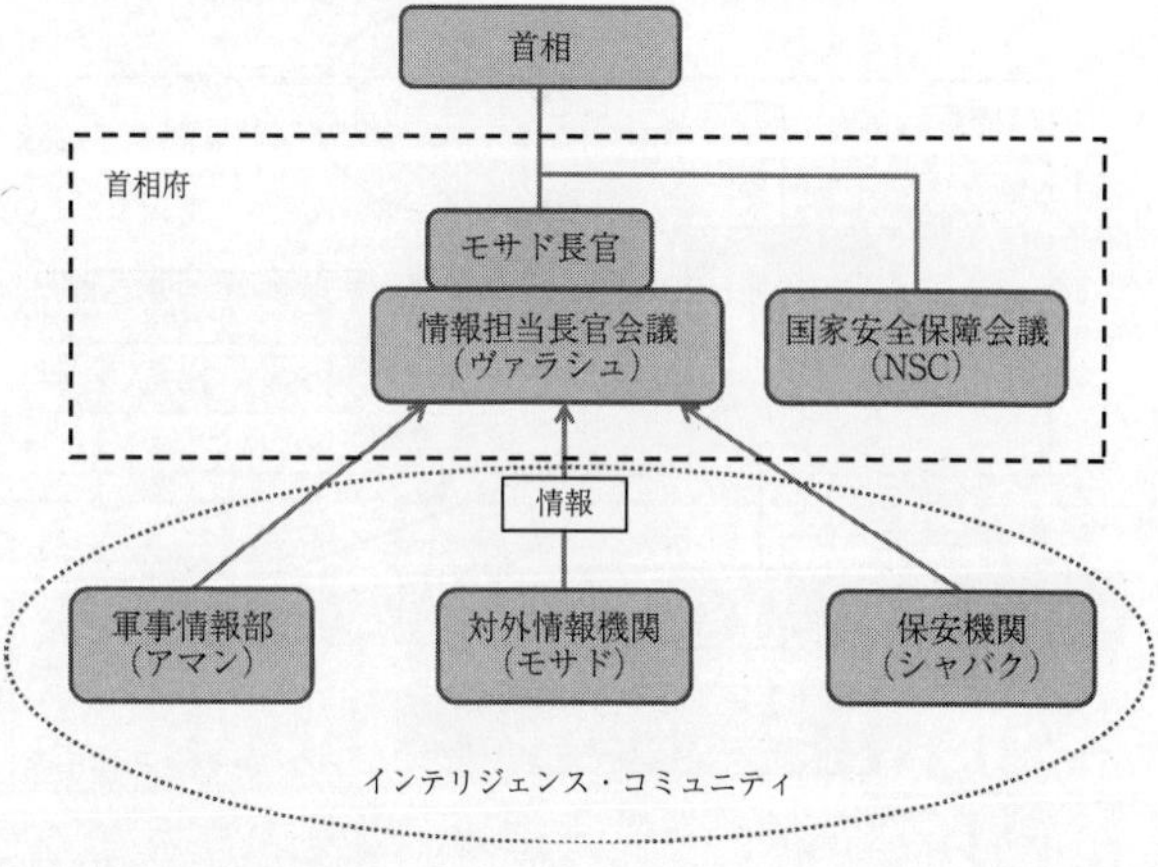

図 1-5　韓国のインテリジェンス・コミュニティ

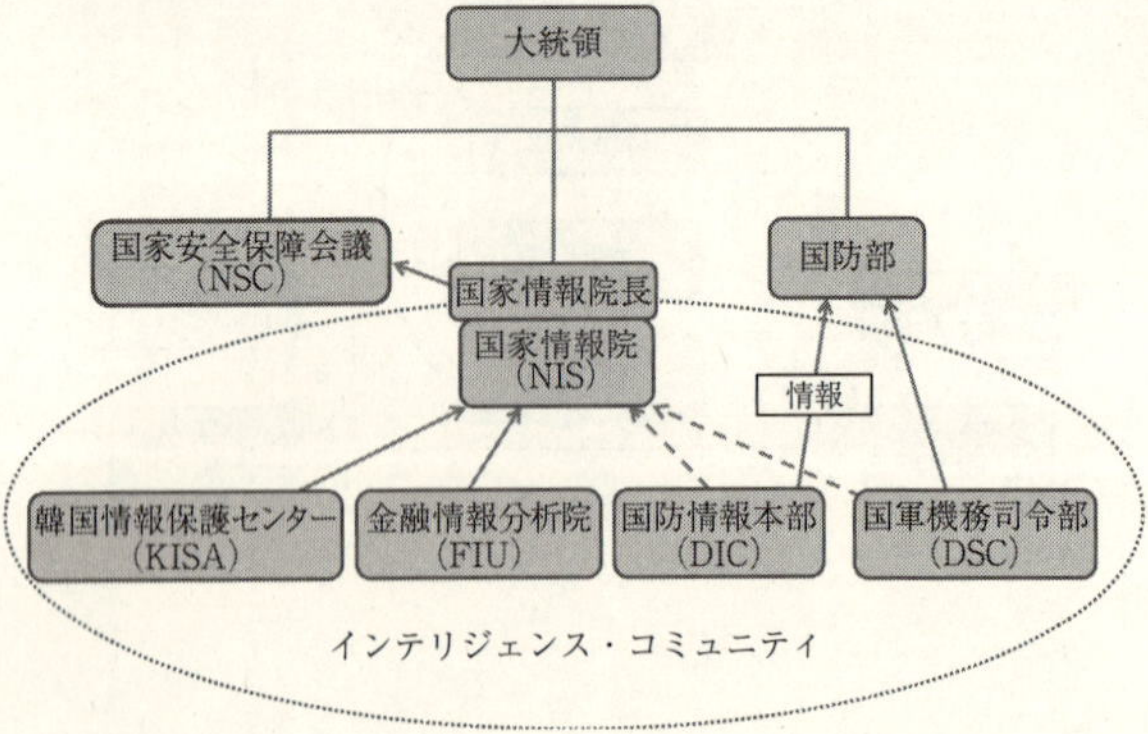

図 1-6　日本のインテリジェンス・コミュニティ

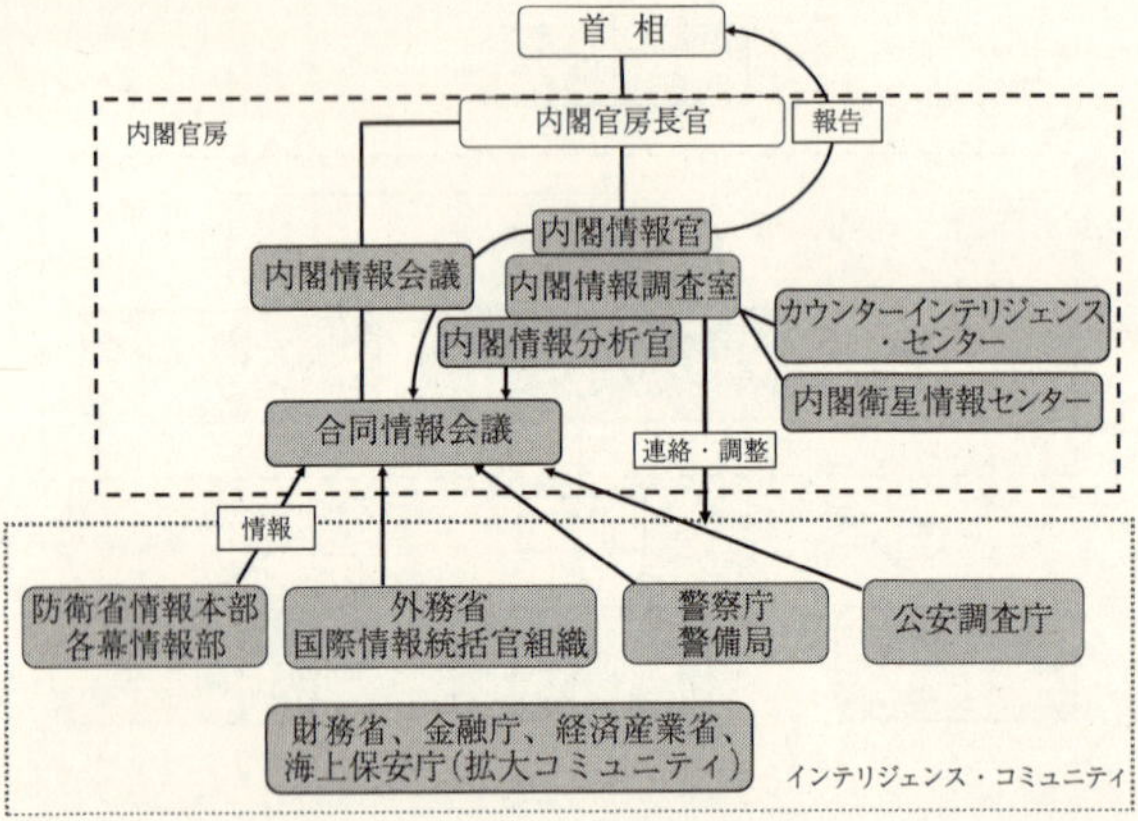

は含まれず）であると言われているので、イギリス軍（一八万人、三六〇億ポンド）の一〇％程度、ドイツのコミュニティは一・五万人、九・七億ユーロと推定されているので、ドイツ軍（二四万人、二八〇億ユーロ）と比べると五％程度の規模となり、この値はフランスに近い。このように欧米のインテリジェンス・コミュニティはそれぞれの軍部の大よそ五〜一〇％ぐらいの規模といえよう。[42]

日本の自衛隊の予算は対ＧＮＰ比一％に圧縮されてはいるものの、二五万人の人員と五兆円近い予算があるので、もし欧米並みのコミュニティを創出しようとすれば、大体一〜三万人、三〇〇〇〜五〇〇〇億円規模になるといえるが、現在、日本の国家機関としてのインテリジェンス・コミュニティの人員は五〇〇〇名弱、予算額は一五〇〇億円未満である。国の大きさの割には小規模な軍隊とさらに小規模のインテリジェンス・コミュニティを備えていることになる。

インテリジェンス・コミュニティが拡大すると、そこに集まる情報も膨大なものとなるが、官僚組織の常でそれぞれの組織は情報を外に出したがらない。そこで各情報機関が収集した情報をどのように集約、共有していくのかが問題となってくる。これは「情報の相乗効果」という考え方で、ある情報の価値は他の情報と照らし合わせてみないとわからないというものである。例えば冷戦時代、ＣＩＡは苦労してソ連の参謀本部地誌情報本部の内通者からウラジオストク周辺の地図を入手することに成功し、これをＣＩＡ内で秘密情報として重宝していたが、その後、他のセクションはこの地図がソ連国内で販売されていることに気付いた。この段階で、地図は秘密情報ではなくなったのである。このように情報の相乗効果を活かすためには、各情報機関が収集した情報をどこかで共有するための組織が必要なのである。

二〇〇一年の9・11同時多発テロの前、CIAはアルカイダの幹部が海外からアメリカに集結している情報を、連邦捜査局（FBI）は逮捕した人物から航空機による特攻テロを訓練中との情報を、通信傍受を担当する国家安全保障局（NSA）はアルカイダが近々アメリカで大規模テロを計画しているという情報をそれぞれ入手していたが、これらは全く共有されず個々に処理されていたのである。もしこれらの情報が上手く合わさっていれば、あのような大規模テロも未然に防げたのかもしれない。

既にアメリカにおいては組織間の情報共有の必要性から一九九四年にIntelinkというものが導入されている。これは各インテリジェンス組織の持つ秘密情報を部内のネットワークによって共有しようとした試みであり、使用する側はそれぞれのセキュリティ・クリアランスのレベルに応じ、各組織の端末からアクセスすることができる。しかしこの情報共有のための基盤も9・11テロを未然に防ぐには至らなかった。

そのため同時多発テロの後、国家情報長官（DNI）事務局が主導し、情報組織間でリアルタイムの情報を共有するための「インテリペディア」が二〇〇五年から整備されている。これはいわば情報組織の職員だけがアクセスできるウィキペディアであり、常に最新の情報が九〇万ページにもわたってアップされ続けているという。このページにアクセスが可能なのはコミュニティの関係者約一〇万人にも上り、情報共有に対する各組織の認識を劇的に変化させたとも言われている。[43]

イギリスでは一九三六年に陸海空軍の情報部、MI5、SIS、そして通信傍受・暗号解読を行う政府暗号学校（GC&CS）が集める情報を集約する機関として、統合幕僚委員会の下に合同情報委員会（JIC）が設置されたのである。

このようにJICは軍組織の中に設置されたが、第二次大戦中の議長は外務官僚であったヴィクター・カヴェンディッシュ＝ベンティンクが務め、ウィンストン・チャーチル首相に直結していた。第二次大戦中このJICの情勢判断は、チャーチルの大戦略をよく支えたといえる。同じ頃、アメリカもイギリスの例に倣って情報委員会の仕組みを一時的に導入したことがあったが、これは上手く機能しなかった。

2　組織と文化——委員会型と中央集権型

なぜアメリカのインテリジェンス・コミュニティにおいては、委員会型の情報集約が機能しなかったのだろうか。これは北岡元が鋭く指摘しているが、JICは平時に文官がインテリジェンス組織をまとめるためのものであったため、戦時に軍がインテリジェンスを束ねるアメリカには適応しなかったということである。[44]

このことは戦前の日本にもいえる。一九三六年、日本政府は国家インテリジェンスをまとめるため内閣情報部を設置し、その後政府はこれを内閣情報局に格上げしようとしたが、実質的なインテリジェンスの権限を有する陸海軍はこの構想を骨抜きにした。このようにインテリジェンス・コミュニティを纏めるための組織設計は、文民組織、軍部の力関係によるところが大きいが、更に言えばその国の政治制度や組織文化も考慮しなければならない。

インテリジェンスの分野が官僚組織と馴染み難いという問題[45]や、インテリジェンス組織、軍部間での確執、また情報組織とリーダーとの関係など、どの国のインテリジェンス組織も多くの妥協の産物の上に成り立っている。そもそも情報そのものがネットワークを介して水平的に広がっていくことを考えれば、これに上意下達や分業を得意とする伝統的官僚組織で対処することは困難であるし、脅威がグローバル化すればするほど国内と国外を二分して対処するような従来のインテリジェンス組織も非効率的なものとして写るのである。

しかしどの国も現状を根本的に変えることは困難であるため、とりあえずは政府内で情報の風通しを良くし、どこかで情報が共有されるような仕組みづくりが検討されている。

イギリスのインテリジェンス・コミュニティにおけるＳＩＳや軍のインテリジェンスの

関係は、横のつながりを基礎とする水平的なものである。研究者はこれを同輩的協力関係(collegiality)と呼ぶが、もともと情報組織間に協力関係が築かれていたところにＪＩＣが設置されたため、それ程問題なく情報共有が実現されたといえる。

同輩的協力関係という言葉はマックス・ウェーバーが官僚制を説明するために用いた用語であるが、近年では専門組織における構成員間の平等な関係、そのような場における知識の共有などを指す言葉として使われている。この言葉がインテリジェンス研究に導入され、コミュニティにおける情報の共有が強調されるようになったのである。[46]

イギリスの情報機関、特に初期のＳＩＳなどはホワイトホール(政官庁街)で生き抜くために情報の交換や共有を重視してきた経緯があるため、水平的な情報運用に秀でている。イギリスのインテリジェンスでは部局間の相互交流が発達しており、その集大成がＪＩＣであり、そこでは情報サイドや政策サイドの情報が共有されるようになっている。このような委員会によるインテリジェンス・コミュニティの取りまとめは、インドやオーストラリアなどの旧英連邦諸国などが導入している。

この委員会システムの特徴は、優越するインテリジェンス組織が存在しないという点であろう。多くの国の官僚組織は自分たちの予算や権限を拡大するために他の組織との縄張り争いも厭わないが、この仕組みにおいてはＳＩＳやＭＩ５、ＧＣＨＱといった組織は基本的には平等である。そのためコミュニティを纏めるのはこれら組織以外から選出されることの多いJIC議長ということになる。逆に言えばインテリジェンス組織間で縄張り争いのあるような国において委員会制度は機能し難いと言える。第二次世界大戦中のアメリカではそれが顕著であったし、委員会制度を導入したイスラエルのインテリジェンス・コミュニティでも対外情報機関であるモサドと他の情報機関の縄張り争いが絶えなかった。

また対外情報機関の多くは秘密工作活動等も行うことから、外交機関とは峻別されている。そのため情報機関は外務大臣よりも首相や大統領といった政治指導者に直結することが多く、そのような国では対外情報機関は他の情報機関に優越している。他の機関、例えば防諜機関は内務大臣の下に置かれ、軍事情報部は国防大臣の下に置かれることになるため、首相や大統領に直結することの多い対外情報機関は「同輩中の首席」と見なされるのである。例えば、ドイツのBNDは連邦首相府に直結する対外情報機関であり、同時にドイツの国家インテリジェンスを纏める中央情報機関の役割も果たしているし、韓国の国家情報院も大統領に直結して他の情報機関を纏める立場にある。

そう考えると外務省の管轄下に対外情報機関であるSISを設置したイギリスがむしろ特殊に映るが、これは元々海軍の情報機構に外務省の情報課が加わって発足したという歴史的な経緯と、情報組織が国王大権の下に設置されたために、特に首相の管轄とする必要性がなかったという政治的な要因があり、さらには内閣府のJICで情報共有の制度が整備されているため、SISに中央情報機構としての役割は不要だったためである。

ただし委員会のシステムには弱点もある。一言でいえばそれは防諜面での弱さである。イギリスの場合は一旦スパイが内側に入り込むと、機微な情報が共有されてしまう危険性が生じることである。特にイギリスでは一九五〇年代にSISのオフィサーであったキム・フィルビーをはじめとする五人のケンブリッジ大出身のスパイ、いわゆる「ケンブリッジ・ファイブ」が暗躍し、イギリスのインテリジェンスは深刻な被害を被ったのである。

また情報共有が進むとインテリジェンス・コミュニティのコンセンサス形成も進むが、一旦間違った情報判断が共有されてしまうと、それがなかなか修正されないという弊害（グループ・シンキング）も生み出すことになる。フィリップ・デイヴィスによると、イギリスが二〇〇三年にイラクの大量破壊兵器問題で過ちを犯したのは、その前提に誰も異議を唱えなかったからだという。[47] これはイギリスに特有の問題であった。

このようなイギリスの仕組みを、縦割りで横のつながりがほとんどなく、軍の影響力が強いアメリカや戦前の日本に応用しようとしてもそれは上手くいかないだろう。一九三〇年代、アメリカの通信傍受、暗号解読は陸軍と海軍が行っていたが、両者は協力するどころか偶数日は陸軍、奇数日は海軍が暗号解読を行うという極めて非合理的なやり方を生み出した。この点では日本の陸海軍はさらに徹底しており、太平洋戦争中、米軍の暗号の一部が解読できた陸軍は解読技術が軍事機密にあたるとして、終戦近くまで海軍に解読法を伝えなかった。米軍の矢面に立たされていたのは海軍であったにもかかわらず、である。

そのため縦割り意識の強い官僚組織においては、強い権限を持った組織が全体を纏めるしかない。ここからアメリカ流の中央集権的（centrality）な情報機関の発想が生まれるのである。戦後アメリカにおいて、軍部がインテリジェンスの権限を握っていたところに新たな文民の中央情報機関を設置するのは難航を極めたが、最終的にトルーマン大統領の決断によって、軍人を長とした中央情報庁（CIA）が設置されることになった。[48]

CIAが中央情報機関たる所以は、CIA長官がCIAの長と国家中央情報長官（DCI）を兼務しており、大統領の情報官として他のインテリジェンス・コミュニティを纏める存在であるということにある。制度上DCIはCIAとインテリジェンス・コミュニティ全体を運用し、国益に関わる情報を調整して大統領に報告する仕組みになっていた。DCIはアメリカの他のインテリジェンス組織の長と比べた場合、同輩中の首席という立場になる。

しかしながらアメリカのインテリジェンス・コミュニティにおいては軍事系インテリジェンスの力が強く、コミュニティの約八〇％は軍事系インテリジェンスの影響下にあるとの指摘もある。そのため本来国家インテリジェンスを統括する立場であるDCIは、「CIA長官殿」と揶揄され、CIAのみにしか権限を及ぼすことができなかったとされている。[49] 結局DCIはアメリカのコミュニティに浸透した「ターフ（縄張り）」や「ストーブ・パイプス（横のつながりのない縦割り組織）」といった文化を打破することができず、

図 2-1　同輩的協力関係のイメージ

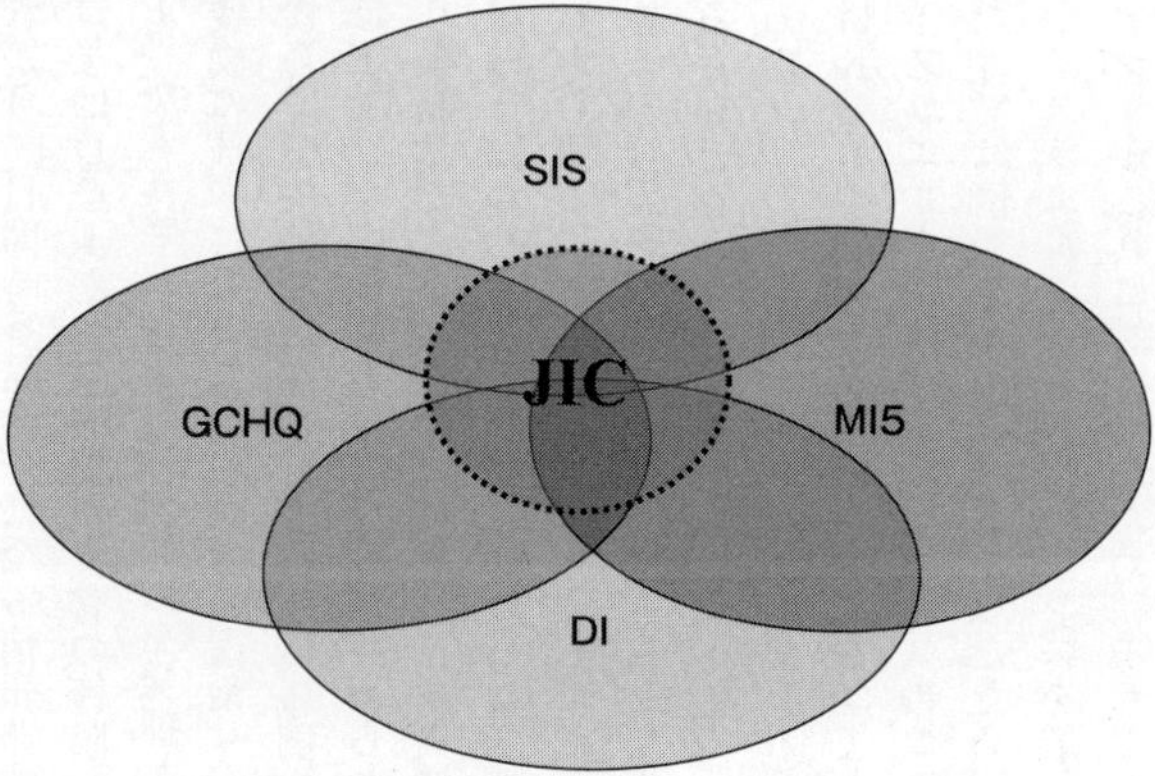

図 2-2　中央集権型のイメージ

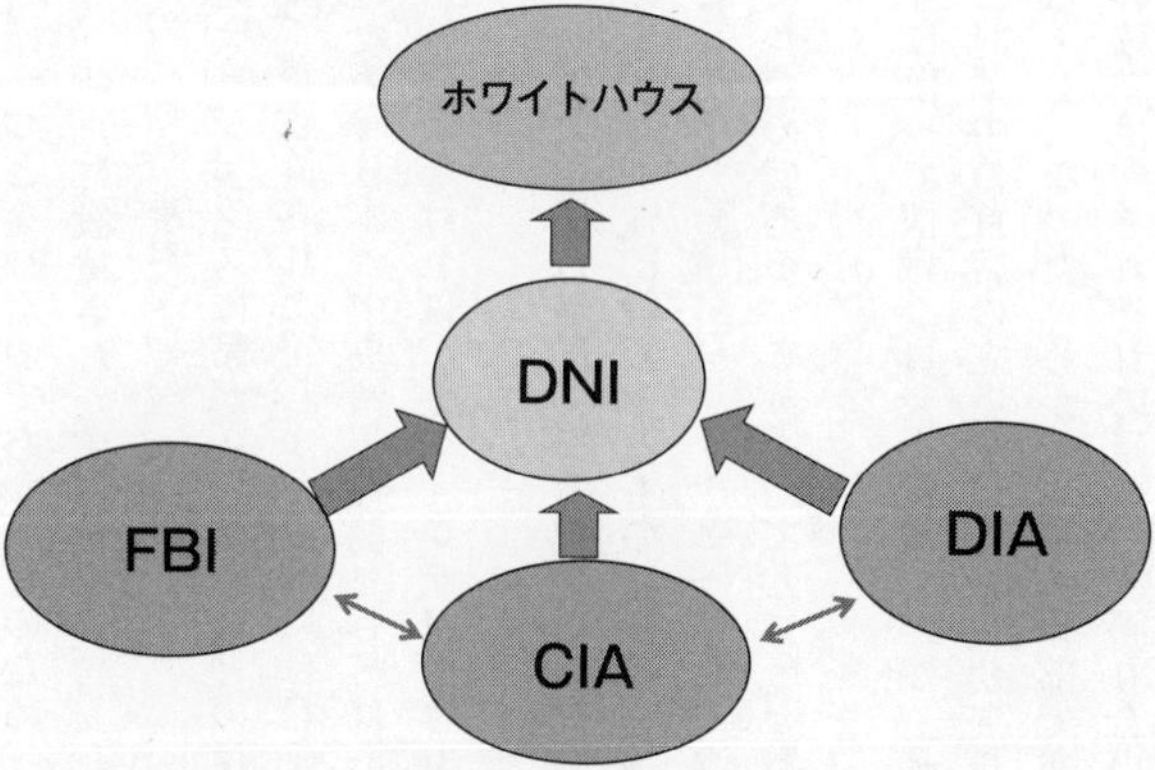

これが9・11同時多発テロに至る情報非共有の原因の一つとなったのである。そのため、テロ後はDCIから中央情報長官の権限を取り上げ、新たに設置された国家情報長官（DNI）がより強力な中央集権能力を発揮していくものと期待されている。[50]

戦後の日本においても陸海軍の縦割りが国家インテリジェンスに繋がらなかったとの反省から、中央情報機関として内閣情報調査室（内調）が設置された。しかし内調にはCIAほど十分な権限や人員、予算が与えられなかったため、日本の中央情報機関としてはあまり機能してこなかったのである。中央情報機関に権限がなければ、他のインテリジェンス組織を従わせることができないのは当然であろう。

しかしここには落とし穴も存在しており、もともと強力な権力装置である中央情報機関に多くの権限を付与すると、肥大化して旧ソ連のKGBのように国家そのものに影響を与える存在となってしまう危険性がある。ソ連でKGB出身者はシロヴィキと呼ばれ、ソ連・ロシアのパワー・エリートと見られるようになったのである。[51]こうなってしまうと政府はKGBの意向を無視できなくなってしまう。

イスラエルでは建国時にイギリスのコミュニティに倣って情報委員会を設置したが、それだけでは情報を纏めきれなかったため、モサドに同輩中の首席の立場を与え、モサド長官がイスラエルのインテリジェンスを取りまとめることになった。しかし軍事情報部であるアマンがこれに対抗したため、モサドとアマンの確執は、それぞれの足の引っ張り合いに発展したのである。この対立は最終的に一九七三年十月、第四次中東戦争においてイスラエルがアラブ側の奇襲を許し、手痛い損害を被ったことでようやく決着が着くことになる。それまでアマンの独壇場であった対外情報分析の業務をモサドと外務省で分担することになり、アマンは純粋に軍事情報のみを扱うことになった[52]。

このように各国のインテリジェンス組織は歴史上の経緯や政治体制、組織のカルチャーなどの影響で多様なものとなっている。例えば政策と情報の関係一つとっても、両者が分け隔てられているアメリカ、同じ省庁の中で政策と情報が未分化となっている日本、という具合に組織論だけからは議論できない論点も存在している。またインテリジェンス・コミュニティ内での対外情報機関と防諜機関、軍事情報部、また情報収集部門と分析部門、工作部門などの間でも情報に対する見方が異なる場合が多く、一言で「情報組織」と纏めきれないともいえる。

従って安易な組織改編や外国の制度を導入することは、その国のインテリジェンスを機能不全に陥らせることもある。第二次大戦中のアメリカはイギリスの委員会制度を導入して上手くいかず、また戦後日本の中央情報機関構想も上手くいかなかったのは既に述べた通りである。

インテリジェンス組織について検討する場合は、まずどうすれば上手く情報を収集、分析、共有できるのか、といった情報運用の観点から考えなくてはならない。そしてその上で政治諸制度との整合性や組織文化などから現実的な組織形態を模索していく必要がある。

そもそも政府組織における情報の流れは、組織図とは異なっているのである。例えば多くの国において軍事情報部は国防組織の傘下にあるが、軍事情報部の情報は上部の国防組織と同時に中央情報機構や情報会議などへも提供されている点に留意しなければならない。

インテリジェンスは「組織で情報を扱う」という性格上、従来の垂直的な縦割りの官僚システムとあまりそぐわない点もあるため、一度切り放して考えてみる必要性もあろう。9・11テロ後のアメリカで議論されている情報組織論の多くは、いかにして情報組織の官僚主義的な部分を弱め、柔軟性をもたらすことができるのか、ということなのである。

第4章　インテリジェンスのプロセス

1　インテリジェンス・サイクル

インテリジェンスは作戦や政策に利用されてこそ初めて威力を発揮するわけであるから、インテリジェンスを利用するまでのプロセスこそが重要になってくる。このプロセスは幾つかの段階に区分されて理解されているが、それらは、①情報を利用する側が自らの利益や目的のための戦略を策定し、そのために必要な情報をインテリジェンスに要求する（情報要求）、②情報サイドはカスタマーからの情報要求を受けて情報収集を行う（情報収集）、③集められた情報を分析・評価しインテリジェンスを生産する（分析・評価）、④情報サイドが分析・評価した情報をインテリジェンスとしてカスタマーに提出する（情報配布）、⑤カスタマーはインテリジェンスが役に立ったかどうか情報サイドにフィードバックを行う、といった一連の流れで捉えられている。

情報要求から情報配布までの過程は、円を描くような一連の流れで説明されることが多く、これは一般に「インテリジェンス・サイクル」と呼ばれているが、自衛隊では作戦レベルにおけるサイクルを「ＩＤＡ（Information/Decision-making/Action）サイクル」とも呼称している。基本的にインテリジェンス・サイクルは、政策・作戦サイドと情報サイドの間でのやり取りといえるが、情報組織内、政策組織内でも様々なレベルでサイクルが成立していることも見落としてはならない。

どれほど優秀な情報機関が存在し、決定的な情報を入手していても、それを何らかの目的につなげることができなければそれは宝の持ち腐れとなる。インテリジェンス・サイクルの概念は、情報を収集、分析・評価、利用していく過程を判りやすくモデル化したものである。[53]

このようなサイクルの概念に対して、元ＣＩＡのアーサー・ハルニックは、政策決定者が情報要求を出してからサイクルが回り出すというモデルは現実的ではないと一石を投じている。ハルニックによると確かに情報機関の長は政策サイドから情報要求を引き出そうと努めるが、大抵の場合明確な情報要求などなく、結局は情報サイドの判断でどのような情報を重点的に収集するかを決定することになる。また彼は防諜（カウンター・インテリジェンス）や秘密工作（コバート・アクション）はこのサイクルに含まれていないため、これらを包括するようなサイクルの検討が必要だと説いている。[54]

これに対してハーマンやグレゴリー・トレバートンは、政策決定者は大抵テレビや新聞

図 3-1　基本的なインテリジェンス・サイクルのイメージ

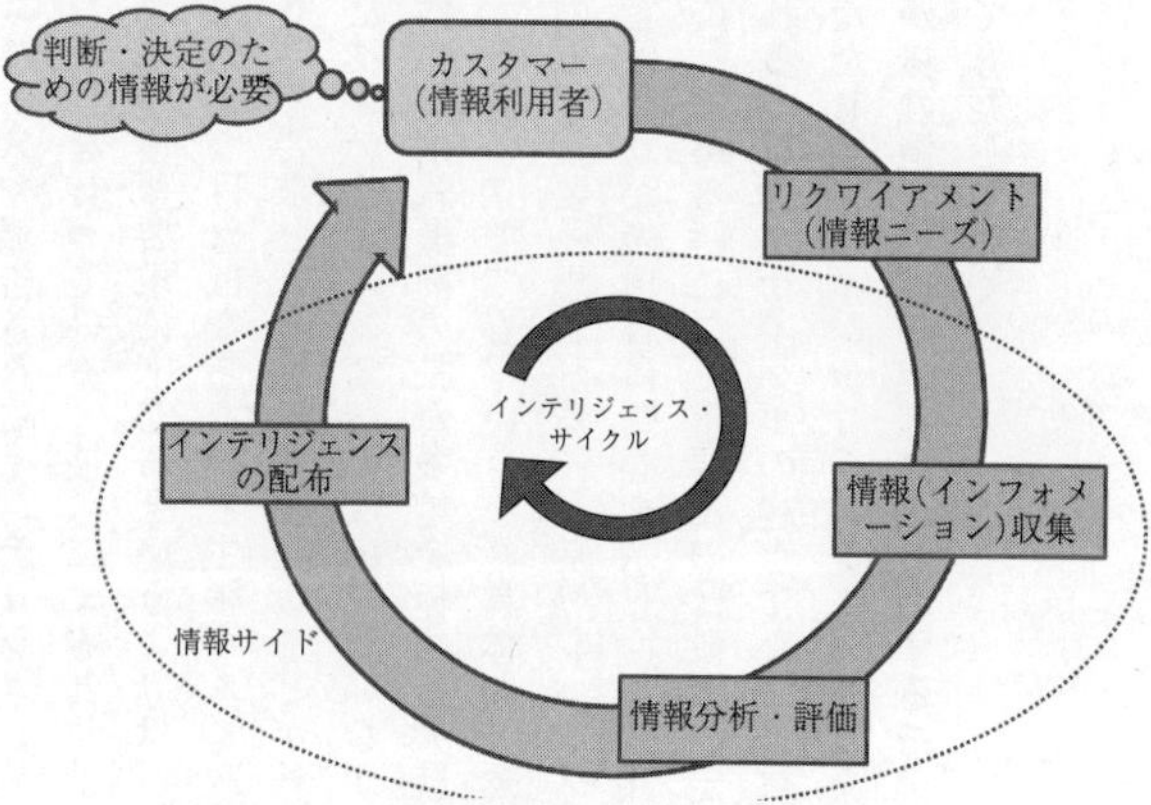

図 3-2　サイクル２：ハーマンやトレバートンのモデル

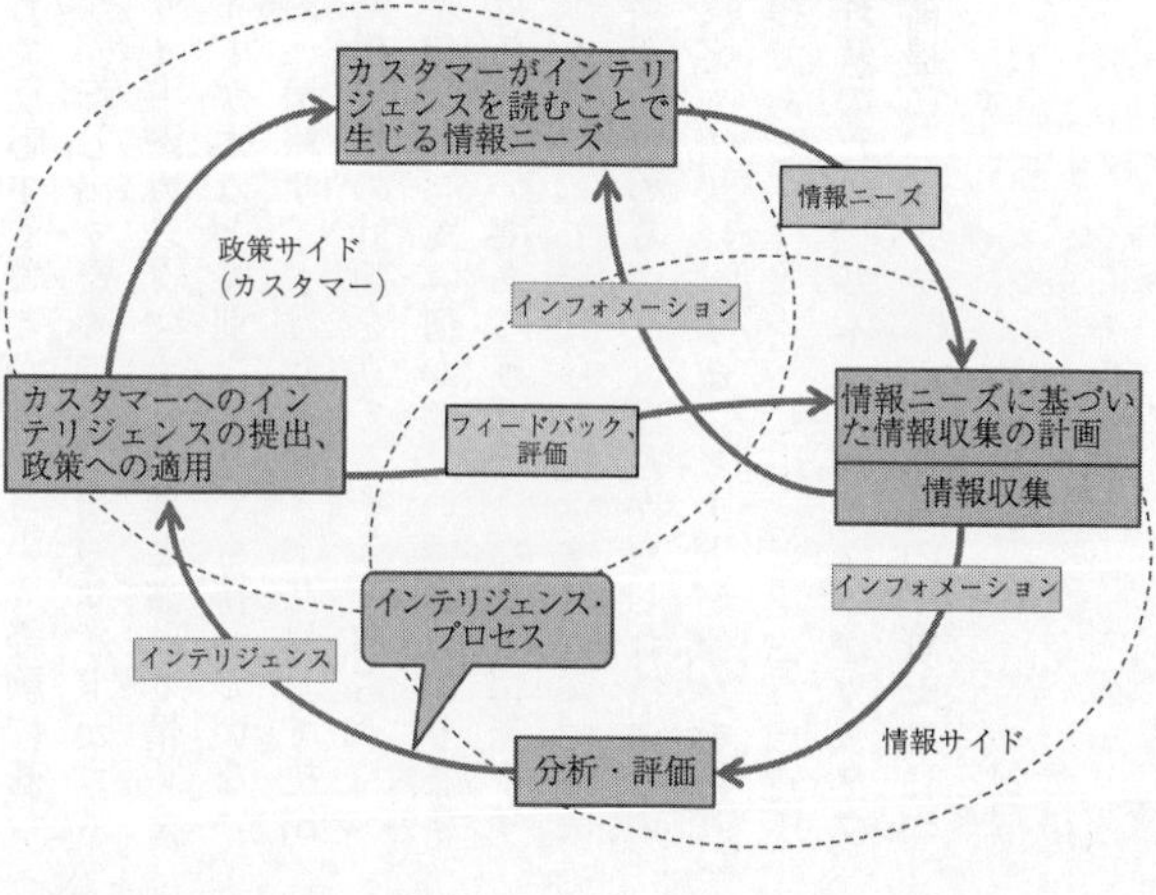

のニュースや報告されるインテリジェンスに対して反応することが多いという経験に基づいた考察を行っている。彼らによるとサイクルが回転し出すためには、情報サイドがカスタマーの情報要求に応じるというよりは、情報サイドがカスタマーに必要とされる情報を押し込まなければならないと主張する。[55] 政策サイドがよほど特別な関心でも持っていない限り情報要求というものは曖昧なことが多いため、情報サイドは政策サイドに対して提出したインテリジェンスへの反応を窺いながら、情報収集の計画を立てるそうである。

例えば情報機関の長が多忙を極める大統領や首相に対して「何か欲しい情報はありますか」と伺い立てても、いきなり具体的な返事は得られないであろう。そうなると情報サイドの方で重要と思われるインテリジェンスを幾つか選択してそれらを提示すれば、政策決定者はどれかの項目に関心を示し、より詳細な情報を求めるようになるかもしれないということである。ここで重要なのは政策決定者の反応や情報に対するフィードバックであり、これらの対応がサイクルの起点になると言えるのである。

ただし本書はインテリジェンス・サイクルの理解のため、基本的にサイクルがカスタマーからの情報要求が起点になるとするモデルを前提に、インテリジェンスのプロセスについて考察していく。

2　情報の要求

政策決定者や軍の上層部（カスタマー）が情報を必要とする際には、自分が今どのような情報を必要としているのかを認識しなければならない。さらに言えば、情報が必要になるのは、自分の目的が決まり行動する際であるため、まずカスタマーは政策や作戦の目的が何であるかを明確にしなければならない[56]。

語弊を恐れずに言えば、カスタマーがまず戦略や長期的な目標を定めなければ、情報が真に必要となる状況は生まれないのである。そのためには政策決定者はある程度理想主義的で、世界に関心を持ち、情熱的であった方が良いかもしれない。それに対して情報サイドは徹頭徹尾、現実的でなければならない。

カスタマーは主に、①個人的に関心のある問題や課題、②新聞やテレビで接したニュース、③側近や会議での議論から生じたテーマ、④自分を補佐する政策立案組織や情報組織から指摘された問題、⑤国家インテリジェンス、といった要因によって政策や戦略を検討している。

ただし多忙な政治家や軍上層部は、日頃から世界中の情勢を概観しているわけにはいかないし、一般的に政策サイドは結果を出す必要性があるため、中長期的な戦略よりも短期

図4　情報要求：サイクルを回す

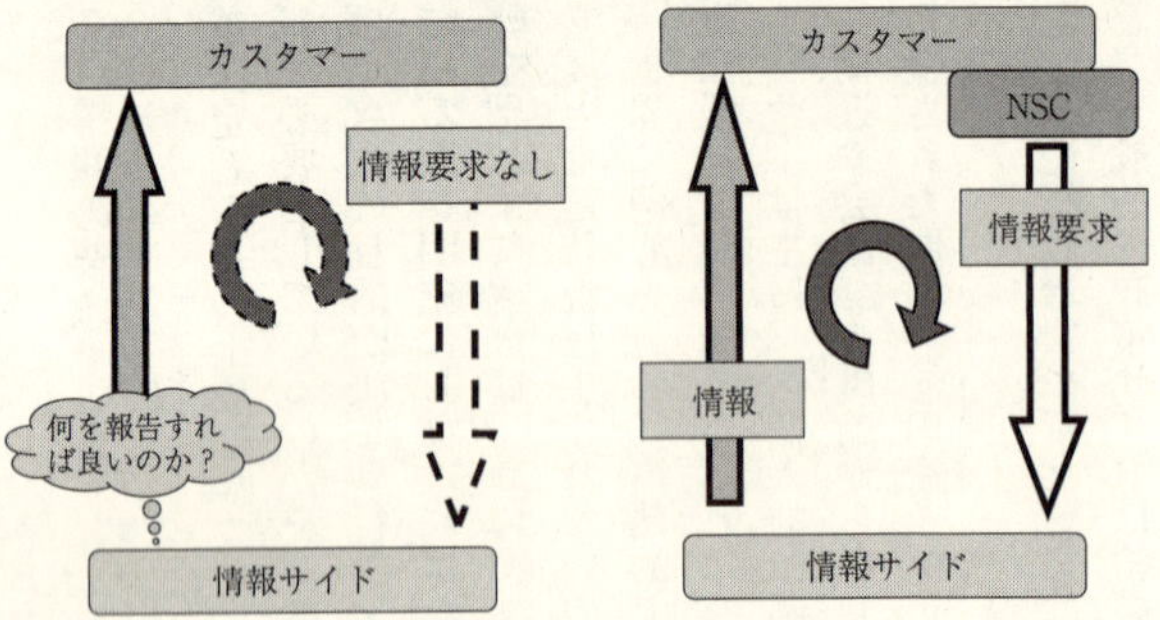

的な目標を追求する傾向がある。

そこで多くの国においては、政治的リーダーの下に中長期的な政策を検討する専門家組織が備えられており、こういった組織が国家の外交、安全保障政策に関して大統領や首相を補佐しているのである。例えば米英や韓国、イスラエルにおいてそれは国家安全保障会議（NSC）であり、ロシアでも安全保障会議(Sovet Bezopasnosti) が存在する。日本では一九八六年に安全保障会議が設置されており、安倍政権時代にはこれに代えて日本版NSCを設置するという議論も見られたが、その後頓挫している。[57] いずれにしてもこのような組織は、情報機関に情報要求を発するカスタマーとなる。

また有事の際にはカスタマーからの情報要求は生じ易い。ただしその際、カスタマーは情報サイドに対してより具体的な情報要求を行うべきであろう。例えば隣国がミサイルの発射実験を行ったという報を受け、「隣国の情勢はどうなっているのか」、といった質問は漠然としており、情報サイドもどういったインテリジェンスを作成すればよいのか戸惑う。より詳細に、「昨日、隣国がミサイル発射実験を行ったようだが、ミサイルのペイロード、射程距離、発射された数、また実験の意図についての情報が欲しい」といった方が的確なインテリジェンスを受け取れることは想像に難くない。このような情報要求を発するためには、カスタマーも日頃からその分野の知識を蓄えておかなくてはならないのである。

アメリカにおいては一九七〇年代、政策サイドから情報サイドへの日常的な情報要求というものが出難くなっていたため、ニクソン政権はNSC内にインテリジェンスの出先機関となる情報委員会を設置し、そこで政策サイドからの情報要求を強制的に求めようとした。アメリカの政策決定過程から見れば、外交や国家安全保障政策が形成されるのはNSCであるため、そこに情報委員会を設置すれば直接政策サイドからの情報要求が得られるというわけである。しかしこの委員会はたった一度開かれたきりであった。

この原因については、四半世紀後に作成されたブラウン調査委員会の報告書で以下のように指摘されている。

NSCの政策決定者はインテリジェンスの経歴がほとんどなく、大抵は他の業務に忙殺されているため、インテリジェンスに対して（自分達ではなく）誰か他のスタッフの仕事、という見方をするようになる。その結果、例え政権の傍にあってもNSC内ではインテリジェンス・サイクルが機能しないのである。[58]

この政策側の多忙であるが故のインテリジェンスの軽視は、しばしば生じるものである。例えば太平洋戦争直前、アメリカは日本の外交暗号を解読していたが、アメリカの政府中枢において政府や軍の高官が「誰かが暗号解読文に目を通すであろう」と考えた結果、ほとんど誰もこれを熟読していなかったのである。ただしインテリジェンスの長は定期的に政治指導者に対してブリーフィングを行っているため、インテリジェンスの存在そのものが忘れ去られてしまう可能性は低いだろう。

またインテリジェンスは情報のみを上げているのではない。かつてヘンリー・キッシンジャー国務長官がウィリアム・コルビーCIA長官に対して「私が考え続けられるように材料を出し続けてほしい」と言ったように、様々な情報を提示することで政策決定者に政策や戦略を考える際のきっかけも与えているのである。[59] 情報サイドが重要だと考える事象について正確な情報を上げ続ければ、政策決定者もその分野について考えをめぐらすようになる可能性が高くなると言える。

第二次世界大戦中、イギリス軍がまだドイツのVロケット兵器に関する全貌を摑んでいなかった頃、細かな断片情報が何度もチャーチル首相に上げられていた。断片情報それ自体は大したものではなかったようだが、チャーチルはそれらを根気強く読み続けた。そして細かな断片情報が組み合わさっていくうちにVロケットがイギリスにとって脅威であることが明らかになり、最終的にチャーチルはロケットの生産場所であるペーネミュンデを爆撃するという作戦に理解を示すようになったのである。[60]

政策サイドの反応によって情報サイドは、カスタマーがどのような問題に関心を持ち、情報を必要としているのか把握しておく必要がある。このようにカスタマーと情報サイドが定期的に接点を持つことが情報要求の源となり、円滑なサイクルを機能させるための条件となるのである。

3　情報の収集

これまで見てきたようにカスタマーからの情報要求を受けるか、情報機関自らの判断によって情報の収集が始まる。国家インテリジェンスが民間組織や研究機関の情報収集と決定的に異なるのは、この情報収集の手法である。その収集手段を大まかに分けると、人的情報（ヒュミント）、公開情報（オシント）、技術情報（テキント）に分類され、テキントはさらに通信情報（シギント）や画像情報（イミント）などに細分類される。

図5　主なシングル・ソースの分類

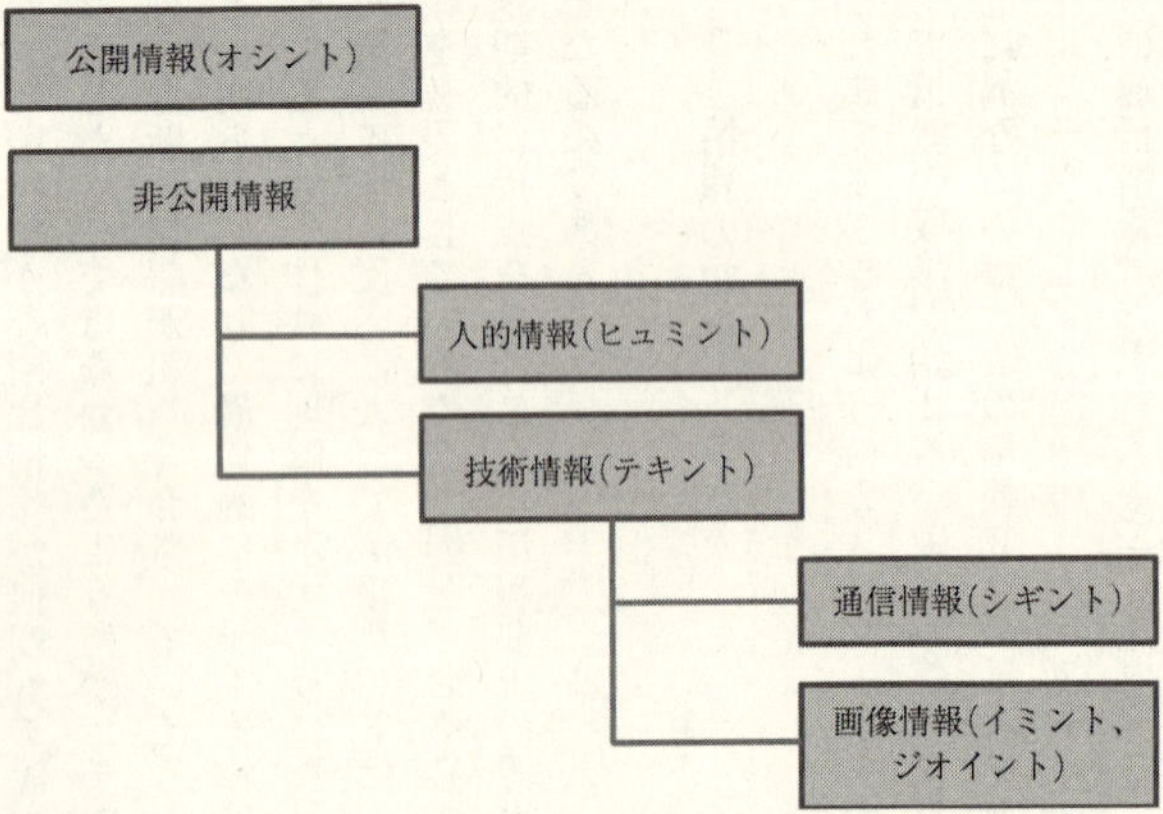

今日では情報収集の手法は細分化している。特に二〇世紀以降、リアルタイムの情報を追求し続けた結果、通信傍受情報や偵察情報などの技術情報が発達し、これらは現在でも情報収集における主要な手段となっている。また近年では、あまりに技術情報に頼りすぎた結果、アメリカは9・11テロを防げなかったのではないか、ありもしないイラクの大量破壊兵器を探そうとしたのではないか、との指摘もあり、古典的なスパイによる情報収集活動についても見直されてきている。[61]

ヒュミント――スパイの世界

スパイが人類で最も古い職業の一つであることは、既に述べた通りである。スパイによる情報収集は、今日ではヒュミント（Human Intelligence）と呼ばれている。ヒュミントは

「人が集めてくる情報」の意味であり、スパイ以外にも外交官や海外を視察してきた一般人の聞き取り等（Debriefing）によって得られる情報もヒュミントに分類される。

未だにヒュミントが重要視されるのは、やはり偵察衛星によっていくら上から眺めていても、相手国の政治家の考えを知ることはできないからである。そのためギュンター・ギヨームやリヒャルト・ゾルゲのような相手国の政権に食い込むことができるスパイは理想的な情報源となるが、そのようなケースは稀であろう。そこまで決定的な情報を収集できなくとも、外国での地道な情報収集活動というものは重要なものである。

例えば、ある日役所からパン屋に大量のパンの発注があったとしよう。昔であれば、パンを短期間で大量消費するのは軍隊であったから、たとえパン屋の主人がその内実を知らずに話していたとしても、優秀な情報オフィサーにとってその情報は軍隊動員の兆候を示す貴重なものになる。似たような事例として、冷戦期ワシントンに滞在するソ連の情報オフィサーは、深夜にピザの宅配が、ホワイトハウス、ペンタゴン、国務省、CIAにどの程度の頻度で訪れたのかをチェックし、どの役所で問題が発生しているのかを調べていたという逸話が知られている。[62]また真偽の程は定かではないが、冷戦期にKGBがワシントンやロンドンの政府機関に出入りする車の数や、深夜に電気のついた部屋を数えることは日常的に行われていたという。[63]基本的にヒュミントはこのような他国に関する些細な情報をできるだけ多く収集することに意義がある。

そのため実際のヒュミントは、「００７」のジェームズ・ボンドのように華やかなものではなく、上記のように深夜のビルの窓の明かりを数えるような地味な活動である。ボンドの華やかな部分は、第二次大戦中に活躍したイギリスとドイツの二重スパイ、ドゥシュコ・ポポフをモデルにして創作されたと言われているが、ポポフですら「もしボンドのようなスパイが実在していても四八時間と生き残れないだろう」という言葉を残している。

現代のスパイはケース・オフィサーとも称され、公式な場やパーティーでの情報交換が主な情報収集手段となる。より機微な情報収集は赴任先で雇う情報提供者（エージェント）に任せることが多い。よってこの活動における鉄則は、エージェントが特定されないよう情報源を秘匿することであるが、あまりに秘匿しすぎると逆にそのことで情報が秘密のベールを被り、情報機関の中で説得力を持つようになってしまう。本書の冒頭に記したバクダッドのタクシー運転手の情報がまさにこれにあたり、こういった情報にはきちんとした説明を付記しておく必要性もある。

良質なエージェントを確保するためには、それなりの報酬を用意できることが必要である。ただしこの種の活動は、「予算の一〇％しか使っていないのに九〇％の悪評が降りかかってくる」と揶揄されるように、ヒュミントに対する評判は芳しくない[64]。ケース・オフィサーは情報を得るためには嘘をついて相手を出し抜き、時にはエージェントを生命の危険に晒すことすらある。これらの行為が国家のためであるといえば聞こえが良いが、ケース・オフィサーは非道義的な行為によって得られるものと失うものを慎重に考慮した後に決断しなければならないのである。

MICE――金・イデオロギー・脅迫・利己心

エージェントの候補者に対しては、一般に「MICE」と呼ばれる手段から、対象に合致したものが選ばれる。「M」はMoney（金銭）を使い、対象者を買収することによって情報を得る手段である。一九九四年に露見したCIAのエルドリッチ・エイムズや二〇〇一年に逮捕されたFBIのロバート・ハンセンは、ソ連国家保安委員会（KGB）から莫大な資金提供を受けており、特にエイムズは五億円近い金額を受け取っていたと言われている。日本でも戦後、旧ソ連、中国、北朝鮮が関与したと見られる数多くの情報漏洩・外事事案が摘発されており、その多くは金銭がらみのものであった。

ただしアメリカで活動していたスパイの中で、過去五〇年の間に一〇〇万ドル以上の報酬を受け取ることができたスパイはたった四人だけで、スパイ行為を行おうとした四分の一は情報を渡す前に対処され、五年以上スパイとして生き残れたのは五分の一であるが、逮捕された場合極刑もありうるので、金のためにスパイ行為を行うことは割に合わないことがわかる。[65] にもかかわらず最近の統計によると、五割強が金銭目当て、次いで二割強がイデオロギーを理由にスパイに寝返っており、金銭的な動機が依然強いことも窺える。[66]

「I」は「Ideology」のことであり、思想信条から相手国のスパイに寝返ることである。イデオロギーからスパイに寝返る者は、金で買収される者よりも相手側への忠誠心が強く、スパイの獲得手段としてはより強力なものだ。有名な事例は、一九六〇年代に世間を賑わした、「ケンブリッジ・スパイ事件」、特にその中心人物であったイギリス秘密情報部（SIS）のキム・フィルビーを挙げることができる。これは一九二〇年から三〇年代にかけて、ケンブリッジ大学で学生時代を過ごした五人の学生が、コミンテルンの工作によって感化され、ソ連に共感を持ったままイギリスの情報機関や外務省にもぐりこんでしまった事件である。彼らは戦後、政府機関の中で要職に就き、情報のリークをはじめとする様々な手段によって、西側の対ソ情報活動に大きな打撃を与えた。

最初に定義したようにインテリジェンスは「国家のため」に運用されるものであるから、イデオロギーによって自国以外に忠誠心を持つスパイは始末が悪い。フィルビーの場合はケンブリッジの学生時代からイギリス労働党に対する幻滅と共産主義への共感を持っており、目的を達成するためにSISに入ったとも言われている。[67]

かつてSISでフィルビーの部下として働いた経験をもつ小説家のグレアム・グリーンは、「確かに彼（フィルビー）は祖国を裏切ったのかもしれない、しかし国よりも大事な何かや、人間に対して裏切りの罪を犯したことのない者がいるだろうか」とフィルビーを擁護しながら、彼の裏切りの本質を探ろうとした。[68]このように思想信条からスパイになる動機は、単純に冒険や金のためとは異なって根が深く複雑だといえる。戦前のゾルゲ事件を見ても、ゾルゲに協力した尾崎秀実をはじめとする日本人協力者達は、コミンテルン活動への共感から日本国内での情報活動に携わったのである。

「C」は「Compromise」、または「Coercion」とも言われるが、これは相手の弱みに付け込んで相手を「脅迫」、「妥協」させることで寝返らせる方法である。最もよく使用される手段としては、金銭を渡しておいてそれを弱みとして付け込んだり、ハニートラップによって相手を籠絡させることであろう。

最後の「E」は「Ego」である。秘密に携わるものは日常的に抑圧され、秘匿された環境で働くことを強いられるため、人によっては自らの困難な任務について吐露したい心境に駆られる。情報機関はこのような人物の心理的弱点をうまく突き、協力者として獲得することもある。

旧ソ連参謀本部情報局（GRU）のオレグ・ペンコフスキー大佐は、彼の父親が反共主義者であったことから赤軍内で冷遇されており、このような処遇に反発したペンコフスキーは、一九六〇年、CIAに対して見返りを求めない情報提供者（ウォーク・イン）となることを打診した。当初CIAはこれをまともに取り合わなかったが、ペンコフスキーからの情報は、アメリカにとってその後のキューバ危機を解決するには必要不可欠なものとなる。

また一九八六年、イスラエルの核開発に技師として携わっていた、モルデハイ・ヴァヌヌは、イギリスの「サンデー・タイムズ」紙に核開発に関する極秘事項をリークし、半ば国外逃亡する形で渡英している。このヴァヌヌの唐突な行動は、特にどこの情報機関が関与していたというわけではないが、主にヴァヌヌの虚栄心や核兵器開発に対する自身の葛藤からこのような行為に出たと考えられる。

MICEはそれぞれ単独で用いられるというわけではなく、大抵は効果的に組み合わされることが多い。特に顕著なのは、金を握らせておいて後でそれを弱みとして付け込む「M」と「C」の組み合わせであろう。このようにスパイになる人間は、様々な心理的弱みを抱えており、その心情は複雑である。情報機関はそのような人間の弱さを見抜いた上で、甘言を囁くのである。

またその他のヒュミントとしては、他国との情報交換が挙げられる。各情報機関は連絡係となるリエゾンを置き、リエゾンを介して情報交換を行っている。この時、情報交換はギブ・アンド・テイクが基本となる。一方通行の情報提供はあり得ないし、提供される情報は無色透明ではなく常に相手の政治的意図の産物であるということが認識されていなければならない。すなわちインテリジェンスの世界にタダの情報などなく、相手が「善意」で提供してくれる情報には常に裏があるということである。

一般的に、現在の情報収集活動におけるヒュミントの役割はそれほど大きいものではない。しかしもし相手国の政府要人やその秘書などに協力者を獲得できれば、それは非常に強力な情報源となりうる。例えば旧東ドイツの情報機関シュタージは、そのエージェントであったギュンター・ギョームを当時西ドイツ首相であったヴィリー・ブラントの個人秘書とすることに成功し、それ以降ブラントの東方政策の方針は、東側に筒抜けとなった。ただしギョームのような成功例は大変稀なもので、大抵はそこまで政府中枢に協力者を獲得するのは至難の業であろう。情報は必要な時にすぐ入手できることが重要であるため、この点でヒュミントには問題が付きまとう。

さらにヒュミントには常に「裏切る」という行為がついて回るので、一般に後ろ暗さを拭えない。アイルランド共和軍（ＩＲＡ）のメンバーでありながら裏でＭＩ５に協力していたデニス・ドナルドソンは、二〇〇六年四月に裏切り者として処刑された。このようなスパイの末路を考えた場合、ヒュミントを運用する組織は役に立たなくなった情報提供者の面倒も見続けなければならないのである。

シギント――暗号解読の歴史

シギント（Signals Intelligence）は相手の通信を盗聴することで得られる情報のことであるが、その源流は暗号化された密書や手紙を密かに開封し、中身を読み解いていた中世ヨーロッパまでたどり着く。当時手紙は密かに開封されて読まれる可能性が高かったため、機微な内容は暗号文で書かれて送られていた。ヨーロッパ各国で暗号解読の技術が発展したのはそのためだ。

一九世紀半ばに電信が発明されると、今度はその中を行き来する通信を盗み読む作業が行われることになる。この通信傍受活動が本格化するのは、二〇世紀前半の両大戦においてであった。そしてそれ以降、国際政治や戦争におけるシギントの役割は決定的なものとなる。二〇世紀の戦史を紐解けば、シギントは戦闘行為を有利に進める上で、不可欠の情報であることが理解できる。一説によると、二〇世紀の戦争で奇襲を許した側はことごとく相手の通信を傍受・解読できていなかったという。[69]

シギントは、要人の会話や通信を傍受するコミント（Communications Intelligence）、放射されるレーダーや電波そのものを追い、艦船などの位置を特定するエリント（Electric Signals Intelligence）、機械から生じる電磁波等を追うフィシント（Foreign Instrumentation Signals Intelligence）などに分類される。あまり知られていないことだが、一九六〇年代にCIAは盗聴器を埋め込んだネコをソ連大使館の敷地に放つという風変わりな作戦を計画していた。これもコミントの一種である。ちなみにこの一〇〇〇万ドルを投じて育成されたネコは、不運にも任務の直前に車に轢かれて死んでしまった。[70]

コミントにまつわる最も有名な逸話は何といっても第二次大戦において連合国が達成したドイツのエニグマ暗号の解読であろう。[71] エニグマ（ラテン語で「謎」の意味）は内部に三枚のローターを備えた換字式暗号機であった。エニグマ暗号機で「a」と打つと、それぞれのローターで文字が変換され、最後にはランダムな文字、例えば「h」として打ち出される。しかし次に「a」と打ち込んでも、内部のローターが回転し文字の組み合わせが変化するので必ずしも「h」とはならない。この点がエニグマの複雑な所以であり、そのため文字の組み合わせ数は天文学的な数字となるのである。

一九二五年にドイツ軍がこの暗号機を採用して以来、エニグマ暗号はイギリスやフランスの暗号解読者達にとって解読不可能なものとなっていた。このように英仏ではエニグマ暗号の理論的解読は不可能と考えられていたが、一九三二年にポーランドの暗号解読官、マリヤン・レイェフスキがこの暗号の解読に先鞭をつけたのである。しかしドイツ側も一九三八年には暗号を強化したため、レイェフスキにもお手上げの状況となっていた。迫り来るドイツの脅威を感じていたポーランドの暗号解読組織、ビュロ・シフルフは英仏にエニグマ解読の方法を伝え、一刻も早いエニグマ暗号の解読を期待したのである。

イギリスの暗号解読組織、GC&CSではアラン・チューリングを中心とするメンバーがエニグマ暗号の理論解析に専念していた。運よく一九四〇年二月に撃沈されたドイツのUボートからエニグマのローター部分が鹵獲され、解読作業は劇的に進むことになる。最初の暗号が解読されたのは同年五月であったが、その時既に暗号解読の同志ともいえるポーランドは占拠され、パリも陥落寸前の状態となっており、GC&CSはしばらく孤軍奮闘の状態だった。エニグマ暗号の解読情報は「ウルトラ」情報と名付けられ、チャーチル首相はこのウルトラを「金の卵」と呼び大変重宝していた。チャーチルはSIS長官、スチュワート・ミンギスに命じて、毎日生の暗号解読情報を届けさせ、時間を見つけてはこれに目を通していたという。

第二次大戦を通して、ウルトラは戦争に打ち勝つための決定的な情報源として認識されており、その秘匿度も高かった。大戦初期、イギリスではドイツのエニグマ暗号を解読したウルトラ情報はその出所を隠すためにスパイ情報、つまりヒュミントとして配布されていたが、ヒュミントの価値を重視していなかった情報分析官達はこの重要な情報を軽視していたとされる。しかしこの情報がコミントとわかると、とたんに注目が集まることになった。

ウルトラ情報は第二次大戦中のイギリスの軍事戦略を支え続け、それによって第二次大戦の終結は数年程度早まることになったのである。またイギリスの保安組織、MI5はドイツのスパイを寝返らせて働かせる、「ダブル・クロス作戦」を実行していたが、ウルトラ情報によって、これらスパイが本当にイギリス側についたのか、寝返った事実がドイツ側に漏洩していないかなど、スパイの秘密工作面でも大いに活用されたのである。

またイギリスは、アメリカと協力して日本の外交、軍事暗号も解読していた。米英がワシントン会議の際、日本代表団の暗号通信から日本が譲歩できる数値を事前に把握し、交渉を有利に進めたのは有名な話であるが、一九四〇年代に入ると日本の暗号解読情報は「マジック」と呼ばれるようになる。アメリカは一九四〇年以降、日本の外交暗号を読みながら、一九四一年四月に始まる日米交渉を有利に進めようとしたが、コミント自体がそれ程の注目を集めていなかった可能性も指摘されており、マジックを十分活用できていたかどうかは疑わしい。

ロベルタ・ウォルステッターは以下のように述べている。「この重大情報（マジック）の場合も、ほんの数人の要人が、ざっと見ただけだった。その数人も、見直してよく考えるという時間もなく、ほかの高官たちが統一した解釈をするだろうと考えた。（中略）「マジック」に触れる者を慎重に制限した結果、めったにみんなの耳にはいらないものとなっていた[72]」。

さらにアメリカの場合は「外相（*gaisho*）」を「海相（*kaisho*）」と混同するような稚拙な誤訳が散見され、その正確性には問題があった[73]。一九四一年に戦争を回避するために行われていた日米交渉において、歴史家ロバート・ビュートが「誤訳は日本の意図を歪曲してしまった」と論じたように、誤訳の問題は決して小さくなかった[74]。この交渉を取り仕切ったコーデル・ハル国務長官は、誤訳されたマジックを読み続けて日本の外交的態度が誠実でないと考えるに至り、このことが太平洋戦争の遠因の一つとなったのである。

真珠湾攻撃という衝撃とともに始まった太平洋戦争において、米軍は徐々にシギントの利用に習熟するようになる。最も有名な事例が、一九四二年六月のミッドウェイ海戦であろう。この時、ハワイで日本海軍の作戦暗号、ＪＮ－25を傍受、解読していたジョセフ・ロシュフォート中佐率いる米海軍暗号解読班は、日本によるミッドウェイ攻略作戦について事前に把握することが出来たのである。ミッドウェイ作戦における日本海軍の敗因は多々挙げられるが、米海軍が日本軍のミッドウェイへの攻撃意図を見抜いた時点で、日本側の勝利の見込みは薄くなっていた。米海軍はこの情報を基に、持てる戦力を全力投入して日本海軍を迎え撃ったのである。後知恵的ではあるが、アメリカの暗号解読に始まるミッドウェイでの日本海軍の敗北は、その後の戦争の帰趨を決定付けることになった。暗号研究家デーヴィッド・カーンは、暗号解読が歴史の趨勢を変えた事例として、このミッドウェイとツィンメルマン事件を挙げている[75]。

ただしコミントはアングロ＝サクソン諸国だけの専売特許というわけではない。既述したように、ドイツとソ連という大国に挟まれたポーランドでは暗号解読の技術が発展していたし、日本やドイツ、フランス、フィンランドといった国々は程度の差こそあれ、アメリカの外交暗号や軍事暗号の一部を傍受、解読していた。イギリスも途中までアメリカの通信を盗読していたことにも留意しておかなくてはならない。

さらに戦前の日本陸軍は、英米中ソ仏の外交暗号、軍事暗号の一部を解読しており、その中には理論的解読が困難な米国務省のストリップ暗号やソ連赤軍暗号まで含まれていたため、その能力はかなりのレベルにあったと考えられる。[76] ただしシギント活動をかつてない規模で行い、それを戦略や政策に結び付けられたのはやはりイギリス、そしてその教えを受け継いだアメリカであり、戦争を通じてこの二か国はお互いの協力関係を築き上げた。

両国は戦後世界においてもシギントが重要であることを認識し、その活動を密かに続けた。例えば一九四五年四月二十五日から連合国五〇か国の代表がサンフランシスコに集まり、国際連合設立のための会議が開かれているが、米陸軍通信部はこれに参加した国々の通信を傍受、解読し、それぞれの思惑を把握しながら会議を進めることができたのである。アメリカはこの経験から国連本部を米国内に設置することに固執したという。[77] そして戦後世界におけるソ連との対決を見越した米英は、一九四七年にUKUSA協定を調印している。当時英連邦の一部であったカナダ、オーストラリア、ニュージーランドもこの協定に組み込まれ、世界大に広がった通信傍受ネットワークは現在、「エシュロン」として知られている。[78]

アメリカは一九五二年に国家安全保障局(NSA)を設置し、イギリスの政府通信本部(GCHQ)と共にソ連の通信暗号の傍受、解読作業に着手した。その初期の作戦が「ヴェノナ計画」として知られており、[79] これは解読困難とされたソ連暗号を解読し、西側政府内においてソ連に協力する人物を調査するものであった。この計画の全貌は未だ明らかではないが、少なくともヴェノナによってローゼンバーグ夫妻やクラウス・フックスのようにアメリカの原爆開発の情報をソ連に伝えたいわゆる「原爆スパイ」の個人名が特定されているのである。冷戦中、「ヴェノナ」は秘匿事項であったため、ローゼンバーグ夫妻に対する極刑の理由は明らかにされず、政府に対して非難の声が巻き上がっていたが、一九九五年に「ヴェノナ」の存在が明らかにされたことで、FBIは通信傍受情報を手掛りに原爆スパイを特定していたことが判明している。

エシュロンの中ではアメリカの国家安全保障局（NSA）が中心的な役割を果たしているが、アメリカ一国で世界中に飛び交う通信を傍受できるわけではない。例えば赤道上の静止軌道に均等に配置されている通信衛星の電波を傍受するためには、世界各地の傍受施設で分担する必要性がある。NSAは傍受設備を備えた通信傍受船や電波収集衛星を利用して電波情報（エリント）も収集しているが、世界中に飛び交う電波に対処するには他のアングロ＝サクソン諸国に頼らなければならないのが現状である。またアメリカでは自国内で国民を監視してはいけないこととなっているため、お互いの組織によってそれを補完しているとの噂もある。[80]一九九九年にNSAの傍受施設が故障した際には、イギリスのGCHQが三日間傍受を肩代わりしていたことが明らかになっている。[81]

ただしエシュロンといえども万能ではなく、空中を飛び交う電波や旧式のケーブルからであれば傍受可能だが、最近の光ファイバーを行き来する通信を傍受することはかなり困難になってきているようである。従って盗聴される側にとって最も危険なのは、外国との

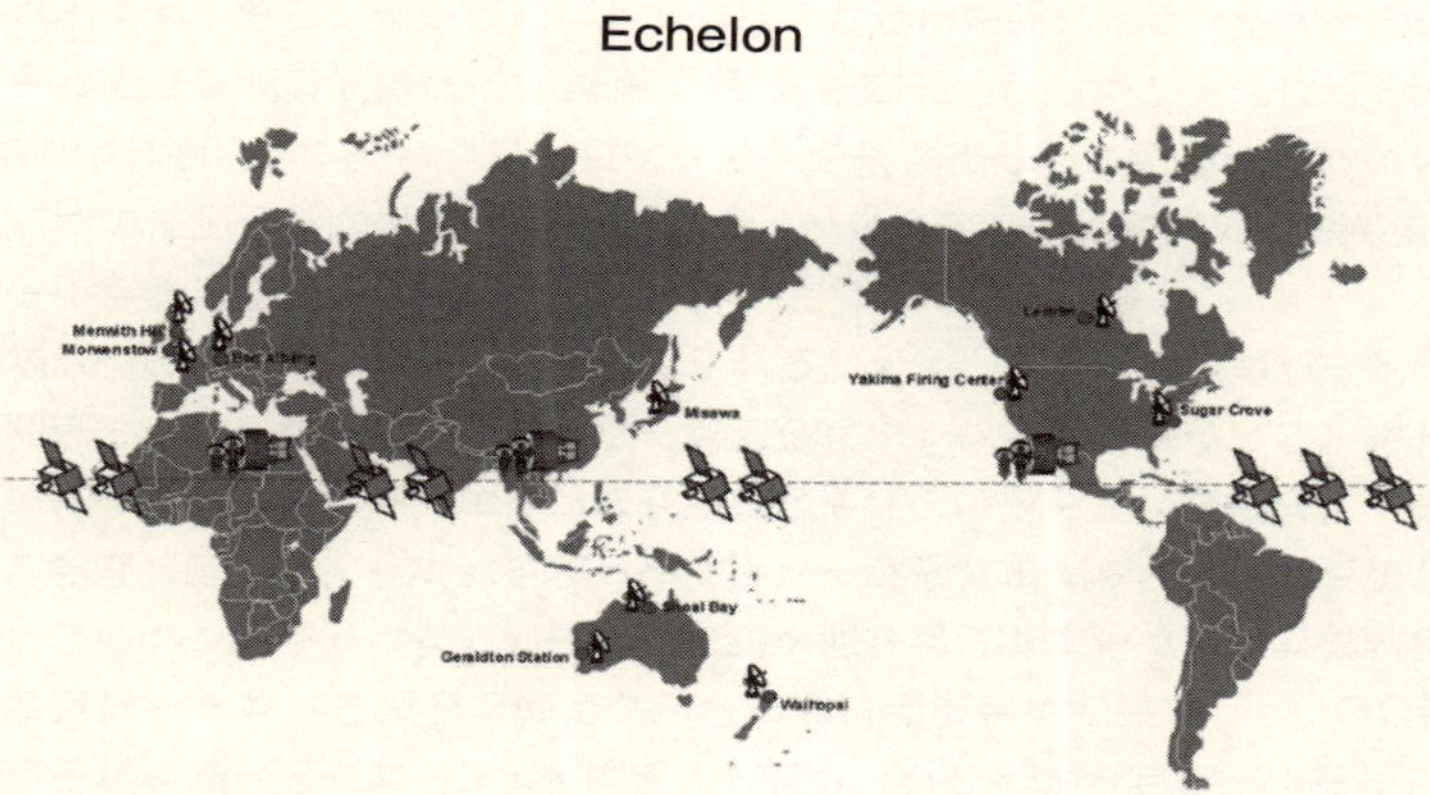

図６　エシュロン配置図。赤道上に並んだ通信衛星の電波を傍受するためには、世界大の傍受施設が必要なことがわかる。

通信衛星を使ったやりとりであり、比較的安全なのは強固な暗号システムと光ファイバーを併用した通信ということになる。[82]

シギントのさらなる問題点は収集される情報があまりに多すぎるということであり、傍受した情報を処理するのに膨大な人員を割かなければならない。NSAはアメリカの情報機関の中では最大の人員（三万人程度）を擁し、その人員と通信傍受施設によって、わずか三時間でアメリカの議会図書館全ての書籍に匹敵する情報量（一〇〇〇兆ビット）を傍受しているそうだが、これほど膨大な情報を効率的に解析することは物理的に困難だろう。[83]これは他国も同じで、大抵どの国でもシギント組織に最も多くの人員が割かれている。これは日本も例外に洩れず、日本で最大規模のインテリジェンス組織は、シギント部門を擁する防衛省情報本部である。シギント部門のスタッフが多くなるのは、膨大な情報の中から有益なものを抽出しなければならないためであり、これは脱穀した小麦の実ともみ殻を選別する作業に例えられる。

ただし日本国内で行政傍受（インテリジェンス組織による通信傍受。犯罪捜査を目的とした司法傍受は可能）を行うことは、法的な制度が未整備のため認められていない。旧ソ連圏に対する通信傍受は陸幕第二部別室（調別）が担当しており、一九六九年三月の中ソ国境紛争や一九七一年のソ連軍のアフガン侵攻について精度の高いシギントを収集していた。[84]調別の名が知られるようになったのは、一九八三年九月のソ連による大韓航空機撃墜事件が生じた際、同組織がソ連空軍の交信を傍受しており、その記録が国連安保理で公開されたことによる。ただし交信記録の公開によってソ連は通信の暗号強度を上げたため、その後調別は通信の内容を読めなくなったという。

このようにシギントの運用において決定的に重要なのは、こちらが通信を傍受、解読していることを相手に悟らせないことなのである。もしそれが察知された場合、相手は暗号を変更するなどなんらかの対策を打ち出すため、また最初から膨大な暗号解読作業に取り掛かる羽目になる。

一九五〇年、ソ連出身のアメリカ人、ウィリアム・ワイズバンドは陸軍の暗号解読官としてNSAに出入りし、ソ連暗号の解読プロジェクト、「ヴェノナ」についても情報を得ることができた。FBIはワイズバンドがソ連側と内通していることを突き止めようとしていたが、その前にワイズバンドからソ連に「ヴェノナ」の情報が伝えられたため、一九四八年十月二十九日の金曜日にソ連はすべての暗号キーと保全手続きを変更し、NSAやGCHQはソ連の暗号を一時的に解読できなくなったのである。その後ワイズバンドは投獄されたが、この一件は「暗黒の金曜日」として語り継がれている。[85]

今日、シギントの対象は電話やメールにまで拡大され、その重要性は増している。NSAは二〇〇〇年から二〇〇一年にかけてアルカイダの通信を傍受し続けていた。実は二〇〇一年七月にはアルカイダがアメリカ施設を目標にしたテロ計画について三三通の通信が傍受されていたが、具体的な目標までは特定できなかったようである。それどころかテロの前日には九月十一日のテロを仄めかすような通信が傍受されていたが、あまりに曖昧で警告の出しようがなかったとされる。

相手国の指導者や対立組織のリーダーの電話や通信を盗み読むことができれば、シギントは強力な情報源となりうる。しかし9・11同時多発テロ事件に関して言えば、テロに直面する過程でアメリカはシギントに頼りすぎており、それ以外からはほとんど情報を得ることができなかった。またシギントの弱みは、相手が通信を使わなければ、当然何の情報も取ることができない。西側がアメリカ同時多発テロの首謀者と目されるウサマ・ビン＝ラディンの潜伏先をなかなか特定できなかったのは、彼が携帯等、一切の電波を発していなかったからだともいわれている。

シギントは有効な情報源の一つではあるが、決定的な情報源となるケースは少なく、やはり他の情報源とつき合わせてより精度の高いインテリジェンスを生み出していく材料の一つとして収集されなければならない。太平洋戦争中、日本海軍情報部で対米情報分析を専門とした実松譲大佐は以下のように述べている。「通信諜報は、ひじょうに有用な資料であった。が、これはナマの情報資料であり、一つの資料にすぎないので、ほかの資料と照合して評価する必要があった。これを行わないで、通信諜報をうのみにすることは危険である[86]」。

またドイツの対外情報機関、BNDは一九九六年に国内に潜伏したテロリストを探し出すために、毎日八〇〇万通もの電話や通信記録を二年間に渡って調査し続けたが、その中で有益と判断されたのはたった二一通の情報であり、さらにそこから最終的にテロリストの特定に至ったものは皆無であった[87]。

イミント(ジオイント)――画像が明かす謎

イミント(Imagery Intelligence)は画像情報のことであり、光学、またはレーダーセンサーによって得られた情報(主に写真等)である。イミントは撮影技術と撮影者を現場まで運ぶ技術が合わさってこそ実用化される。一八六二年には既に南北戦争において北軍が写真家を気球に乗せ、南軍の配置を記録させたという記録が残っているが、本格的な偵察活動はやはり航空機の発達を待たねばならなかった。

航空機による初めての偵察飛行は一九一四年八月十九日、イギリス航空部隊のジュベール・ド・ラフェルテ大尉によって実現された。翌年三月には空撮された地上の塹壕配置図を基にヌーヴ・シャペル攻略戦が行われ、英軍部隊は戦術的な目標を達成することに成功している[88]。

第一次世界大戦を通じて偵察写真の技法は進歩し、またそれを防ぐ地対空、空対空射撃の手段も同時に発展した。偵察写真の初期の利用は、それまでの軍事作戦用地図が大抵古くて使い勝手が悪かったため、それに変わる地誌情報として重宝されていたが、徐々に写真から軍の配置状況などの情報を読み取り、それをスパイ情報や地上偵察部隊からの報告などとつき合わせ、より精度の高い情報を生み出す手法が確立されていったのである。

一九三〇年代には撮影の技術も発展し、この分野では「００７」のモデルの一人であったとされるイギリス人、シドニー・コットンが大きな役割を果たした。戦間期イギリス秘密情報部（ＳＩＳ）に雇われていたコットンは、民間航空機にライカのカメラを備え付けて欧州を飛び回り、ドイツの再軍備に関する空撮写真を撮り集めた。戦争が始まると今度はスピットファイア戦闘機で、高射砲の届かない高高度からイミントを収集する任務に就いたのである。当時イギリスにとって重要だったのは、Ｖロケットの開発・配備状況や、戦略爆撃の効果などを確認することであった。

写真分析の分野では英空軍のコンスタンス・バビントン＝スミス判読官が有名で、彼女は一九四三年六月、気の遠くなるような写真判読からバルト海沿岸のペーネミュンデ基地に横たわっている新型のＶロケット兵器を確認することに成功した。イギリス空軍はこのイミントを基に「ハイドラ作戦」を実行、同地の爆撃、破壊に成功している。大戦を通じてバビントン＝スミスは、ヨーロッパ大陸からイギリスに打ち込まれるＶロケットの発射地点を割り出したり、マリエンブルクのフォッケウルフ社工場で、ＦＷ－１９０戦闘機が量産されているのを確認するなど写真判読に関してその辣腕を振るったのである。

これらの活動を通じてイギリス空軍は、偵察写真は可能な限り同じ場所を繰り返し撮影することが重要である、という教訓を得ている。同じ地点を撮り続けることによって、その場所にどのような変化が生じたのか、ということを観察するのが現在にも通じるイミントの本質であり、当時既にその原則が確立されていたのである。

第二次大戦中は多くの国が軍事作戦のためのイミントを重視するようになった。日本軍も太平洋戦争においては、真珠湾攻撃やパレンバン降下作戦の計画段階において、このイミントを利用しており、一九四三年には海軍第三航空艦隊に専門の写真判読班が設けられている。戦争末期、海軍首脳部が轟沈させたと信じていた米空母「サラトガ」が行動しているのが確認されたのは、この判読班の功績であったとも言われている[89]。

その後、イミントの手法は冷戦期に劇的に発達する。冷戦当初、ＣＩＡはＵ２のような高高度偵察機によってソ連を上空から撮影することを試みたが、この行為は明らかにソ連の領空圏を侵犯する違法なものであった。アレン・ダレスＣＩＡ長官はアイゼンハワー大統領に対して、Ｕ２がソ連に撃墜されることはないと豪語していたが、ゲーリー・パワーズが操縦するＵ２がソ連の地対空ミサイルによって撃墜された上、パワーズ自身がソ連の捕虜となる事態が生じている。このＵ２撃墜事件は国際問題に発展し、これが原因となって二週間後のパリ首脳会談は失敗に終わった。

このように航空機による偵察は常に撃墜される危険性が伴っていたため、一九五六年から、撃墜される心配のないイミント手段、すなわち偵察衛星によってソ連領内を撮影する計画がアメリカ空軍とCIAで検討されていた。一九五八年二月、CIA科学技術本部は空軍の協力を得て「コロナ計画」を発動したが、計画は失敗の連続であった。まず衛星軌道上に打ち上げた衛星から撮影を行い、撮影したフィルムを地上で回収するという難問が立ちはだかっていたのである。一九五九年初旬に、偵察衛星「キーホール」を搭載したディスカバラー一号が打ち上げられたが失敗に終わり、その後続けて一二機が打ち上げられたが、打ち上げ、撮影、回収のプロセスに連続して失敗した。

そして一九六〇年八月十日、遂にディスカバラー一三号から投下されたフィルム缶を回収することに成功したものの、不運なことにこの衛星には、それまで一二回連続で失敗した経験に加え、「一三」号も数の縁起が悪いということで、フィルムが装填されていなかったのである。そのため、軌道上から撮影された写真の回収には、八日後のディスカバラー一四号の成功を待たねばならなかった。

当時の解像度は一〇メートル程度(一辺一〇メートル以下のもの、例えば車などは識別できない)と言われており、解像度を上げるためには衛星を低い軌道で飛ばす必要があった(衛星を低く飛ばすと耐用期間が縮まる。キーホールの寿命は二〇日程度)。ただし当時必要とされたのは、相手のミサイルサイトの位置や、軍港における艦船の状況であったため、それほどの解像度は必要なかった。

こうしてキーホールによって、ソ連領内約一六〇万平方メートルが一四三二枚の写真に収められた。撮影されたフィルムはＣＩＡ画像情報センターで分析され、貴重なイミントが国家情報見積（ＮＩＥ）に反映されたのである。例えば一九五七年のＮＩＥによると、ＣＩＡはソ連の大陸間弾道弾（ＩＣＢＭ）に関するデータはＵ２偵察機によるものだけであり、イミントの量的な不足から一九六一年までにソ連が五〇〇発程度のＩＣＢＭを保持するものと推測していた。しかし衛星写真によってソ連の保有するミサイルサイト、及びＩＣＢＭの数をより具体的に把握できるようになり、その後のＮＩＥでは七五―一二五発程度と下方修正されたのである（ただし実際は数発程度しかなかったとされる）[90]。

このようにアメリカのインテリジェンスにとってイミントは、ソ連の核戦力を測る上で不可欠なものとなっていた。一九六一年九月六日に国防省傘下の国家偵察局（ＮＲＯ）が設置されると、ＮＲＯがＣＩＡからコロナ計画を引き継ぐ形で偵察衛星の運用が進められた。一九七〇年代になるとソ連海軍の潜水艦が大気圏に再突入する衛星のカプセルを追跡することができるようになったため、七二年にカプセルによる運用は廃止されている。その後、ＫＨ－11「ケナン」衛星の登場によって、撮影された情報がデータ通信で地上の受信基地に送られるようになった。また一九八八年十二月には、悪天候でも地上を観測できるレーダー衛星、「ラクロス」衛星が打ち上げられている[91]。

現在、ＮＲＯは四基の光学衛星と四基のレーダー衛星を運用していると推察されるが詳細は不明である。[92] またNROは契約によって商用衛星である「イコノス」、「クイックバード」、「ワールドビュー」などからもイミントを得ることができるため、これら衛星によって地球上のどの地点もかなりの頻度で監視できる体制を整えている。最大で一〇—一五センチとも言われる解像度であれば、車の車種や人間の性別を判定できる。ただし現在の技術でも映画のように人間の顔を判別したり、人の読んでいる文書を上から盗み読みすることは不可能だろう（そのためには解像度が一センチ以下でなければならない）。

NROはこのような解像度の高い衛星を高頻度利用することにより、世界各地で生じている情勢をほぼリアルタイムで監視できるものと推察される。現在、NROの監視対象は、東アジアから中東、北アフリカまでを貫く、いわゆる「不安定の弧」に集中しており、中国や北朝鮮、パキスタン、イラクにおける軍事情報を収集し続けている。例えば、NROは二〇〇五年四月に北朝鮮の吉州郡で地下核実験場の建設を確認しており、翌年十月には核実験が実施されている。すなわちアメリカはこのようなイミントによって北朝鮮が核実験を行うことを事前に予測していたといえる。[93]

近年、戦場ではプレデターやグローバルホークのような無人偵察機（UAV）が使用され、これらの解像度は最大で三〇センチ程度と言われている。[94] また将来的には十数センチのマイクロ無人偵察機の開発なども検討されているという。確かにこのサイズであれば従来偵察衛星や航空機が確認することのできなかった、ジャングルや洞窟、工場の内部などが将来撮影可能になるのかもしれない。

現在でも自前の偵察衛星を持つ国はそう多くはない。一九六〇年代に米ソが偵察衛星を打ち上げて以来、一九七五年には中国が、その二〇年後にはフランスが偵察衛星の保有国となった。そしてフランスとほぼ同時期にイスラエルも偵察衛星を実用化し、二〇〇三年三月には日本が二五〇〇億円をかけて情報収集衛星(IGS)を打ち上げている。現状ではこれら六か国が偵察衛星の保有国である。イギリスは偵察衛星を保有していないが、これはアメリカからイミントが提供されるため、高価な衛星を持つ必要性がないと判断したためであろう。フランスのヘリオス衛星もコストがかかりすぎるため、欧州各国との資金協力によって運営されている。

日本が衛星を持つ契機となったのは一九九八年の北朝鮮によるテポドンミサイルの発射実験であるが、それまでは主にアメリカの商用衛星からイミントを得ていた。また二〇〇八年の宇宙基本法が成立するまで、日本は宇宙の平和利用の観点から偵察衛星を有することができなかった(「わが国における宇宙の開発及び利用の基本に関する決議」)。従って建前では軍事目的に限らない衛星ということで「情報収集衛星(IGS)」と命名されたが、諸外国はこれを偵察衛星と認識している。現状、内閣官房の内閣衛星情報センターが光学衛星を四機、悪天候時にも使用できるレーダー衛星一機を運用しており、近々もう一機のレーダー衛星も打ち上げられる予定である(二〇一一年一一月現在)。また防衛省情報本部はアメリカの民間会社と契約して、商用衛星の画像を提供されている。

イミントは情報カスタマーに対して処理した画像を衛星写真として提示できるため、説得力を持つ。ただし注意しなければならないのは、イミントは上から眺めているだけであるので、ヒュミントやシギントのように相手の意図までは読めないし、上部を遮蔽されてしまうと対象物の判別が難しい。二〇〇三年のイラク戦争の直前、アメリカは上空から撮影したイラクの「化学兵器工場の写真」を公表したが、後でそれは全くの誤りであることが判明した。

またイミントは衛星の軌道周期が判明すれば、撮られる側はそれに対応することが可能であるし、また火急の事態が生じても、すぐにその地点の衛星写真が撮影できるわけではない。ごく大まかに言えば、一機の偵察衛星では一日に一回しか地球上の同じ地点を撮影できず、地上へのデータ送信も同じ程度の頻度となる（高度や軌道、衛星のカメラアングルを変えれば多少の融通は利くが）。そのためNROはできるだけ多くの衛星を高頻度で利用し、地球上のあらゆる場所を衛星から常に監視できる体制作りを目指していた。この計画は「未来画像アーキテクチャー（FIA）」として知られているが、あまりに予算がかかり過ぎたために頓挫したと言われている。

衛星によるイミントはリアルタイムの情報を常に届けてくれるものではなく、この点でやはり航空機による偵察飛行が未だに有効なのである。イミントの価値は、既述したように同じ場所を何度も定点観測することによって、その場所にどのような変化が生じたかを把握することである。特に工場の中で何が生産されているのかを知るためには、そこに出入りする車両や作業員がどのようなものを搬送しているのか、時間をかけて見極めなければならない。

冷戦中のアメリカではこのような「観察」が発展し、例えばソ連の輸送船に積み下ろしされる箱のサイズから、運送される武器の種類を推測する「箱の科学」や、キューバの軍事顧問団が第三世界に派遣されると、必ずそこに野球場が建設されるという興味深い事実が確認された（キューバ人にとって野球は重要な娯楽ということである）[95]。

またアメリカのインテリジェンス・コミュニティではイミントとは別に、ジオイント（Geospatial Intelligence）という概念が普及している。ジオイントはイミントや地理空間情報などから作成される、地球空間に関する総合的な情報として認識されている。ジオイントを運営する国家地球空間情報局（ＮＧＡ）によると、「ジオイントとはイミントと地理空間情報を分析、利用することで、地球上のある箇所の物理的現象を描いたもの」と定義されている[96]。

ここでいう地理空間情報とは、地球上の自然、人工物によって特徴づけられた地形や地誌情報のことであり、最も単純化して言えば地図である。イミントは現在進行しつつある地上の状況を上から撮影したものであるから、これを基礎的なデータともいえる地図と重ね合わせることによって、ある地点でどのような現象が起きつつあるのかをビジュアライズ化することができる。

ジオイントが特徴的なのは、それが必要となった際に、使われ方を考慮して作成される地図や空間の情報であるということであり、その利用法は幅広い。例えば、9・11同時多発テロの際、ニューヨークのワールド・トレードセンター倒壊に伴う損害範囲の予測図や、ハリケーンなどの進行を示す状況図などもジオイントといえる。

このようにジオイントは平板な地誌情報に現在進行形の事象や詳細な解説を付け加えたものとして理解できる。アメリカではCIAの地理情報部を吸収する形で、一九九六年十月にジオイントを扱う国家画像地図局（NIMA）を設置、その七年後に国家地球空間情報局（NGA）に改編され現在に至っている。

二〇一一年三月十一日の東日本大震災の発生以降、アメリカの Digital Globe 社は東北地方沿岸域や福島第一原子力発電所の、解像度五〇センチ級の衛星画像をウェブサイトで公開しており、我々でもネットを通じてリアルタイムに近い画像情報を閲覧することができるのである。この画像は、原発など地上からの接近が困難な地域であっても、衛星であれば恒常的に撮影ができることを示しており、イミントやジオイントの重要性が改めて認識されることになった。

オシント――インテリジェンスの土台

オシント（Open Source Intelligence）は、公開情報（新聞やネット、政府の公表された文書、学会で発表されたデータ等）を基にした情報であり、現在のインテリジェンスのほとんどはこのオシントによって占められている。

国家インテリジェンスであればオシントに占めるネット情報は三―五％程度であり、公開といっても、つてを使って得られるような冊子や一般に出版されていない資料集のような「灰色の文書」と呼ばれるようなものもオシントに分類される。ＣＩＡで分析官を務めたリチャード・フリードマンによると、最も一般的な情報源は議会図書館、そしてLexisNexisや「ロイター」、「ニューヨーク・タイムズ」などの有料データベースであったという。[97]そしてオシントで足りない部分が、ヒュミントやテキントによって補われるのである。

現在、アメリカのインテリジェンスは九〇―九五％をオシントに、残りの五―一〇％をヒュミントやテキントに頼っているというが、この五―一〇％の部分のために年間五〇〇億ドルと膨大な人員がつぎ込まれている。そのためオシント関連予算は五億ドルにも満たないという。[98]すなわち情報源のほとんどを占めているオシントには予算や人員があまり投入されていないのが現状である。

これは誰でも得ることのできるオシントが、インテリジェンス・コミュニティで「信用ならないもの」と見られる風潮があるためだ。情報機関にとって「秘密裏に入手された情報」こそが組織の存在意義に関わると考えられがちであるため、オシントに対しては本能的ともいえる拒否反応を示すのである。冷戦後、アメリカのインテリジェンス・コミュニティではオシントの重要性が説かれ、一九九四年にオシントを共有するために公開情報コミュニティ室（COSPO）がCIAの内部組織として設置され、各情報組織が収集、分析したオシントがCOSPOで共有されるはずであったが、秘密情報、テキント至上主義の風潮の中で、同室は機能不全に陥ることになったのである。[99]

しかし他方で、オシントが重要な情報源であることは紛れもない事実である。アメリカでは外国の放送をモニターする海外報道情報サービス（FBIS）がCIA内に置かれ、豊富なオシントをコミュニティに提供していたし、イギリスではBBCモニタリング・サービスが、ドイツでは連邦政府新聞情報庁（BPA）が国家レベルで公開情報の収集や翻訳を行っている。日本も通信社であるラヂオプレスが、旧共産圏、特に北朝鮮の報道を丹念に追い、しばしば価値ある情報を配信している。にもかかわらず規模や予算は主要国の一〇分の一以下であり、世界中の報道をカバーできていないのが現状である。

ソ連情勢の専門家であった外交官、ジョージ・ケナンは晩年に以下のように語っている。

冷戦時代、世界中から（ソ連の）秘密情報を集めなければならないという風潮が蔓延していた。しかし敢えて言えば、我々が必要とした情報の九五パーセントは、アメリカ国内の図書館や文書館で公開されている情報をきちんと精査すれば得られたものなのだ。[100]

ケナンは外交官という職業柄、それ程秘密情報を重視しなかったのかもしれないが、初代CIA長官、ラスコー・ヒレンケッター少将も、八〇％は本や雑誌、ラジオ放送から得ることができたと述べている。またローエンタールによると、冷戦期のソ連に関する公開情報と秘密情報の比はおおよそ二対八、冷戦後はそれが逆転したという。[101] CIAは一九五〇年代、偵察衛星などの情報収集手段を持っていなかったが、そのソ連分析は大学や民間シンクタンクといった研究機関よりも正確であったとされている。CIAの情報源については主にソ連で発行された雑誌などの公開情報であった。[102]

太平洋戦争中の日本軍だと大体五割ぐらいが公開情報であった。陸軍参謀本部ロシア課長を務めた林三郎中佐は、対ソ・ヒュミントがことごとく失敗し、シギントも部分的な成功しか収められなかったため、公開情報による分析が最も確実だったと述懐している。陸軍は一九三五年三月、ハルピンに文書諜報班を設置し、そこでは五〇名強のロシア人を雇って、ソ連国内の新聞や雑誌を丹念に分析させていた。これらの分析情報は、「ソ連調査資料月報」として報告されており、また極東ソ連軍四〇〇〇名分のリストがこのオシントによって作成されていた。[103]

同じく参謀本部欧米課で情報分析に携わった堀栄三大佐は、アメリカの缶詰会社と製薬会社の株が上がるとそれに続いて米軍の大規模作戦が開始されることに注目し、ここから精度の高い米軍の侵攻予測を立てていたのである。[104] 堀の主な情報源はラジオ放送であったという。

有効なヒュミントを得難いという点では、第二次大戦中に連合国から日本を見た場合も同じであった。もっとも連合国の場合はシギントが重要な情報源となっていたが、オシントの存在も看過できない。後に著名な東洋研究者となるジョン・フェアバンクは、対戦中OSSのため中国大陸を駆けずり回り、敵国である日本に関するオシントを収集し続けた。彼は上司であるウィリアム・ドノヴァン大佐に対し、イギリスの対日情報分析レポートを読むよりも、日本の新聞を吟味した方がより良い情報が得られることを進言している。[105]

またラディスラス・ファラゴーの『智慧の戦い』には、オシントにまつわる以下のような逸話が紹介されている。

一九三五年にドイツ人ジャーナリスト、ベルトールド・ヤコブの著作には、当時再軍備に取りかかっていたドイツ軍の詳細が描かれていた。それらはドイツ軍の指揮系統、参謀本部の構成員、各司令官の経歴、最新の機械化師団についてなどの詳細な極秘情報であった。これを読んで情報が漏れていると激怒したヒトラーは、情報顧問のヴァーテル・ニコライ大佐を呼びつけ、内通者と真相の調査を命じたのであった。ニコライはヤコブをゲシュタポ本部に搬送し尋問にかけたが、ヤコブの返答は以下のようなものであった。

大佐殿、この私の本に出ているものはみな、ドイツの新聞に載った報道記事に基づくものであります。ハーゼ少将が第一七司令官でニュルンベルグに駐在するというくだりは、ニュルンベルグの新聞の死亡記事から得た情報です。(中略) ウルムで発行されている新聞の社会記事面のおめでた欄にヴィーロウ大佐令嬢とシュテンメルマン少佐の結婚が報じられていました。この記事欄によれば、ヴィーロウは第二五師団の第三六連隊長で、シュテンメルマン少佐は師団の通信将校と出ています。更にシャラー少将がこの結婚式に参列していますが、同記事によれば同少将は師団長で師団本部のシュツットガルドからやって来たとあります。

そして数か月後、ニコライはヒトラーに以下のような報告を行った。

閣下、ヤコブの共犯者としては日本の軍事出版物と日刊新聞以外にはありません。彼は新聞の死亡欄や結婚欄などから見つけた情報をスクラップして立派な戦闘情報を作っていたのです。このヤコブという男は私の過去三〇年間の情報活動で出会った最も偉大な情報活動の天才であります。[106]

冷戦期まではオシントは主に「新聞・テレビ・ラジオ」を意味しており、情報機関からほとんど関心を持たれなかった。しかし冷戦後は、ロシアを始めとする旧東側諸国の出版物の入手が容易になったこと、またネットの発達により流通するオシントの量が膨大になったことからオシントは注目を集めている。今や世界中の衛星写真ですらGoogle Earthから無料で手に入る時代である。従ってオシントの今後の課題は、ネット上の膨大な「ノイズ」から「情報」を取捨選択することにより、いかに効率的にオシントを収集できるかどうかにかかっている。

玉石混交の公開情報からの価値ある情報の抽出や、海外報道の翻訳等、公開情報の利用については、アウトソーシングという手段もある。例えばアメリカのストラトフォーのような民間の調査会社やシンクタンクなどに依頼することも考えられるだろう。また一九九二年十二月から内戦の続くソマリアに派遣された国連のPKO部隊は、米軍から提供される情報が不十分であるとして、わずか五〇〇〇ドルと三本の電話で民間調査機関からの有益なオシントを入手した。この時、イギリスのジェーンズからはソマリアの詳細な地図が、オクスフォード大学のオクスフォード・アナリティカからはソマリアの政治情勢分析が、エコノミスト誌からは国別リスク報告書が入手され、これらを基にして部隊の配置、運送計画などが練られたという。[107] すなわち、民間の専門家や学者の知見もオシント分析にとっては不可欠なのである。

基本的にオシントはヒュミントやシギントを補完するというよりは、すべてのインテリジェンスの基礎となるものである。例えるならば、建築物の土台部分がオシントであり、建築物を支える柱が秘密情報、そして建築物自体が生産されるインテリジェンスと考えることができる。オシントは土台であるがゆえに、これによってコミュニティ内で対象へのおおよその「相場観」が形成、共有される。オシントは秘密情報にアクセスできないスタッフにも、秘密情報を扱うスタッフにも平等であるため、それぞれのスタッフの間で情報を共有しやすい。このことも特徴の一つである。そのためたとえシギントやイミントに携わる者であっても、普段から出来る限り多くの新聞や雑誌から広く公開情報に接しておく必要があろう。

とはいえ新聞報道等は新聞社それぞれのカラーがあり、また誤った情報源から記事を書いている可能性もある。一九四一年十一月下旬、アメリカとの交渉の大詰めを迎えた日本政府は、アメリカからの最終的な回答を待つのみとなっていた。この時、東郷茂徳外相は、「ニューヨーク・タイムズ」紙の記事から、アメリカが最終的には日本に妥協的な態度を採るものと内心期待していた。ところが東郷の期待に反し、アメリカからは有名な「ハル・ノート」と呼ばれる強硬案が提出されたため、東郷は外交交渉を諦め、その後は陸海軍による開戦準備が着々と進められていったのである。この「ニューヨーク・タイムズ」の記事の出所は、日米の妥協を良しとしない中国による情報工作の可能性が高い[108]。

この時点で日本政府が中国側の工作に気づいていても戦争を回避できた可能性は低いが、少なくともこのように戦争か否かのぎりぎりの情勢判断を新聞報道に頼る危険性は認識しておかなくてはならないだろう。そしてこのような状況に陥らないために、残り五〜一〇％のヒュミントやテキントが収集されている。政策決定者はこの点に留意しておかなくてはならない。

文書情報に加え、テレビや雑誌等で公開される映像や写真からも様々な情報が収集される。日本海軍は、『ライフ』誌に掲載された英戦艦「キングジョージ五世」の写真から、初めて同艦に装備されている最新型の対空ロケットランチャーに気づいた。またＣＩＡはニュース映像などから、イラクのサダム・フセイン大統領やキューバのフィデル・カストロ議長の健康状態を知ろうと躍起になったのである。二〇〇六年七月、カストロが一時的に権限を弟のラウルに委譲した際、ニュース映像からカストロの首に巻きつけられた包帯と腹部の出っ張りが確認された。これらの情報からＣＩＡはカストロが透析と人工肛門に頼っているという結論を導き出したのである[109]。

冷戦後、オシントの重要性は高まっている。特にロシアや中国における出版物の入手が容易になったことから、膨大なオシントの処理能力が不可欠となってきている。アメリカでは二〇〇四年七月に提出された9・11報告書の中で、公開情報部創設の提言が行われ、当時のブッシュ大統領が新設の国家情報長官（DNI）の下部組織として公開情報専門の組織を設置するよう命じている。そして二〇〇五年十一月、オシント部門はCIAからDNIの管理下に移された。

日本のインテリジェンス・コミュニティにおいてもオシントを専門的に行う部局がないので、内閣官房などにオープンソース・センターのようなものが設置されることが期待される。既述したようにオシントはそれほど予算もかからず、また外国語研究や地域研究のようなアカデミアにも近いので人材を得やすい。今後オシントの分野においては、伝統的にアジア地域研究の盛んな日本にとっても活躍の余地があろう。

4 情報の分析・評価

オールソース・アナリシス

ヒュミントやテキントによって収集された個々の情報（シングルソース）は、それぞれをつき合わせることで分析・評価される。「オールソース・アナリシス」と言われるように、あるトピックに関して集められる情報量は多ければ多いほど分析の確度は高まっていく。ソ連の指導者であったヨシフ・スターリンは一九四一年十月から十一月にかけて、極東に配備していたソ連軍の半数をドイツとの戦争のため西方に移動させる決断を行った。この決断は、従来言われているように東京のゾルゲからの情報だけによるものではなく、ゾルゲ情報が内務人民委員部（ＮＫＶＤ）の解読していた日本の通信内容と合致したからであった。[110]

また全面核戦争の危機が叫ばれた一九六二年のキューバ危機においては、アメリカは反カストロ派からの供述、Ｕ２偵察機がキューバ上空から撮影した偵察情報、ソ連赤軍情報部オレグ・ペンコフスキー大佐からの情報、そしてキューバに資材を運送していたソ連船舶の航行状況といった複数の情報を集約・検討した結果、ソ連がキューバに中距離弾道ミサイルを配備していることを確信したのである。

情報収集で重要なのは、どれ程決定的に見えるデータでも、それのみで決断することは短慮であり、情報は他の情報と付き合わせることでより質の高い情報が生み出されるのである。既述したようにこれを情報の相乗効果というが、オールソース・アナリシスはこの相乗効果を利用して分析を行うことなのである。

シークレットとミステリー、アートと技法

集約された情報は、インテリジェンス組織の情報分析官によって分析されることになる。情報分析官が扱う事象は、外交、安全保障、諸外国の政治・経済情勢、エネルギー問題な

ど多岐に渡り、政策決定者はこれらの分野に関する短期的、長期的な見通しに関するインテリジェンスを求めることが多い。情報分析は時として不確実な将来の予測図をインテリジェンスとして提示しなければならなくなるが、これは困難な仕事である。

中央情報庁（ＣＩＡ）で分析官を務めたティモシー・ウォルトンが、「情報分析とは答えであると同時に疑問でもある」と述べているように情報分析というのは難しい作業である。[111] 膨大な情報を取捨選別し、そこから価値のあるインテリジェンスを生み出すことは、成功と同時に失敗の可能性も常に秘めている。しかしインテリジェンスのプロセスにおいて分析は必要不可欠な作業であるため、ここを避けて通るわけにはいかない。

情報分析官の任務は、基本的に学者やジャーナリストと同じで、集められた情報に対して分析を行うことだが、分析官の場合、情報源が特殊なものであるということと、分析が特定のカスタマーのために行われているという点が異なる。特に後者は重要である。分析官は限られた期限までに、カスタマーの納得するレポートを提出するということを意識して分析を行う必要がある。

インフォメーションが氾濫する現実の世界では、そこから有益なものだけを抜き出し、分析にかけてインテリジェンスに仕上げることは困難を伴う。あらゆるインフォメーションをインテリジェンスに盛り込もうとすると、大抵は雑多でカスタマーには理解されないような情報の羅列になり、まとめすぎると逆に無味無臭で玉虫色のインテリジェンスが出来上がってしまって役に立たない。分析者は適度に大鉈を振るう必要があろう。

インテリジェンス分析の分野でよく批判されるのが、西側のインテリジェンスは莫大な予算を得ていながら、一九九一年のソ連崩壊と冷戦の終結が予測できなかったではないか、というものである。しかし一九七〇年代から九〇年代までのＣＩＡのソ連に関する分析を並べてみると、ＣＩＡはソ連の政治、経済、軍事情勢について、ソ連の官僚よりもよく把握できていたということがわかる。[112]それではなぜソ連の崩壊を予測できなかったのか。これは分析におけるシークレットとミステリーという概念が鍵を握っている。

シークレットとは相手国の兵器の数や規模など、秘密ではあるが存在が確実なもの、ミステリーは相手国の将来の政策や意図など、その存在自体が疑わしく、誰にも答えられないようなものである。本来、インテリジェンスはシークレットに対する情報収集や分析を行うことはできるが、ミステリーの領域にまで踏み込むことはできないとされる。

上記のソ連情勢で言えば、ソ連の経済状況はシークレットの分野であり、ソ連崩壊の引き金となった旧守派のクーデターやそれに対するゴルバチョフの対応などは、本人たちですら予測のしようがないミステリーの領域なのである。従ってインテリジェンスがミステリーまで解き得なかったと批判するのは酷というものであろう。国際政治学者ジョセフ・ナイによると、冷戦後の国際政治の世界ではミステリーの分野が増えたことで、情勢の判断が一層難しくなっているという。[113]

また情報分析の世界では、分析は「アート」なのか「技法」なのか、といった論争が絶えない。「アート」とは才能と経験を兼ね備えた人物が、直感的に情勢を判断、分析するイメージである。外務省国際情報局長を務めた孫崎享は、これを経験に基づいた鋭い「感度」と形容している。[114]

ドイツ軍の名将、エルヴィン・ロンメル将軍は北アフリカ戦線で、定石に基づいた部下や参謀の意見具申とは異なる判断を下し、何度もイギリス軍部隊の裏をかいた。これはロンメルが経験と直感を上手く組み合わせた「戦局眼（coup d'oeil）」というものを持っていたからだという。[115] また毎日欠かさずシギントに目を通していたイギリスのチャーチル首相は、日本軍の真珠湾攻撃の報に接するや「我々は勝った」と将来を予見するようなコメントを残している。[116]

ただし実際にこのような洞察力を備えたインテリジェンス・オフィサーが常にいるわけではないし、「アート」は教えられて身に付くものでもないので継承が困難である。恐らく現実は凡庸な情報分析官の方が多く、彼らは自分達の仮説やストーリーに合致するデータや情報のみに注目してしまいがちなのである。

チャーチルやロンメルの直感的なアートは、美術品の鑑定眼に近いものがある。熟練の鑑定士は一見しただけで作品の真贋を判断できるが、鑑定眼を持たない人間は作品のカタログ・レゾネや放射線炭素測定などを用いてデータを一つ一つ堅実に積み上げていく必要がある。前者は才能によるものであるが、後者のやり方であれば、時間はかかるが確実に「技法」として身に付けることができる。そのため欧米の情報機関、特にＣＩＡでは技法としての情報分析手法が発展してきた。

インテリジェンスに造詣の深い歴史家、ウォルター・ラカーは「インテリジェンスには才能が少しは必要なのは事実であるが、政治的な判断力や理解能力といったものは教えれば身に付くものである」と技法を重視していることがわかる[117]。技法を学ぶ上での基礎は、外国語の能力や担当分野、地域に関する専門知識、それに報告書を書く能力であり、それ程特殊な能力が必要というわけでもない。

最大公約数的に言えば、情報分析はアートと技術の融合である。天才的な洞察力は才能と経験によってしか育むことができないが、情報分析に必要な技法を身に付けていれば、ある程度は誰にでも分析を行うことが可能となるのである。

分析を歪める要因――組織と心理

情報分析官は分析の過程で多くの問題を克服しなければならない。それらは主に組織的な問題と心理的な問題である。組織的な問題とは、分析官が組織の人間であるがゆえの課題である。分析官は自分の分析が客観的で正しいと信じていても、あまり突拍子もない分析結果を上に報告するわけにはいかないし、同僚や上司の意見からかけ離れた報告をするのも難しい。

また情報分析官が政策サイドの方針を暗黙の了解として認識してしまうと、後述する「情報の政治化」が起こりやすい。二〇〇三年のイラクの大量破壊兵器にまつわる問題がその典型で、「誰も口に出さないが、皆どのような結論を導かなければならないかは分かっていた（Elephant in the Room）」という状況に陥ってしまうと、やはり客観的な分析はやり難くなる。

この種の問題に対しては、例えば「悪魔の弁護」という手段がある。これは複数の情報分析者が敢えて極端な物の見方をぶつけ、分析者間のコンセンサスに挑むやり方である。分析者は組織的な軋轢に囚われてしまうと柔軟な発想ができなくなるため、凝り固まった物の見方に風穴を開ける工夫である。またアメリカの情報機関で考え出された匿名による情報分析の提出や、分析官が上司に意見具申できるような制度は、組織の中で埋もれがちな少数派の意見をくみ上げるための工夫である。

同じ組織内、もしくは情報機関の間に分析結果の相違があることも珍しくはない。例えば「A国が核を開発している」という情報と、「A国は核を開発していない」という情報をまとめると、「A国は核を開発しているかもしれないし、していないかもしれない」という曖昧な結論となる。これではインテリジェンスとして役に立たない。

この問題に対する各国の対応は様々だ。例えばアメリカの国家情報見積（NIE）には

「注」という形で両論併記されることがあるし、コンセンサスを重要視するイギリスなどでは、合同情報委員会（ＪＩＣ）の分析スタッフが何度も検討や議論を重ね、最後には上手く纏め上げるという。このように対立する意見を一つのレポートに「纏め上げる」能力こそが、知られざるＪＩＣの特徴の一つなのである。

　これに対してイスラエルなどではそもそも国家情報見積というものは作成されない。これは国家情報見積が指導者の思考を方向付けてしまう可能性を危惧している（イスラエルの場合、首相の多くに従軍経験があり、情報の扱いには慣れているといえる）。

　組織内外での意見対立をどのように軟着陸させるかは難しい問題だが、アメリカでは複数の情報機関に同じテーマを分析させて政策決定者を納得させる「競争的分析」を導入している。ただしこの制度は、複数の情報機関が分析部門を持ち、かつそれらが並立しているということが前提であるため、大きなコミュニティを持たない国では実施が困難である。

　一九七三年の第四次中東戦争前、状況を楽観視していたイスラエル軍事情報部（アマン）に対してモサドは警告を発していたが、当時のイスラエルで情報分析を担当していたのはアマンだけであったので、モサドの意見は受け入れられることがなかったのである。

　このように様々な情報機関の経験から言えるのは、「情報は組織の中で共有されなければならないが、最終的には集約され、一本化されなければならない」ということである。

　情報分析官にとってさらなる問題は、分析の際に主観的、心理的なバイアスがかかってしまうことである。客観的なデータよりも主観を重視した分析は、楽観的な情勢分析を生み出してしまうことが多々ある。日本陸軍で情報部長を務めた樋口季一郎は、当時の軍の情報に対するメンタリティーを以下のように説明している。

大よそ情報収集の目的は、「事象の実態を客観的に究明する」にある。ところが日本人は主観を好む。主観は「夢」であり『我』である。これは己個人に関する限り自由であるが、我観及び主観を国家の問題に及ぼすにおいては、危険これより甚だしきはあるまい。[118]

主観的とまでいかなくとも、分析者は無意識的に、ある一定の考え方や思い込み（マインドセット）に陥ることもある。この場合、分析官は確証のない証拠を採用して自分の説を裏付けようとしたり、客観性のない分析に自信を持つようになってしまう。日本の外務省の中国専門家は、「中国共産党ではソ連共産党と違って権力闘争などありえない」という思い込みから文化大革命を見誤り[119]、CIAの分析官は「アラブはアラブを攻めない」というあやふやな前提によってイラクのクウェート侵攻を見誤った。[120]

マインドセットと似たような現象であるが、自分達の常識を分析に反映させてしまうことを「ミラーイメージング」と呼ぶ。例えば冷戦期、アメリカの情報分析官達はソ連のクレムリンには「タカ派」と「ハト派」がおり、ソ連の政治家がどちらに属しているか議論していたが、そもそもクレムリンにはアメリカ流の「ハト派」も「タカ派」も存在せず、分析官達は自国の政治システムを前提にして議論を行っていたのである。[121]

これは分析官の専門知識が深まれば深まるほど、その専門知識に捕らわれ柔軟な思考ができなくなる、いわゆる「専門家のパラドックス」と呼ばれる現象である。これに対処するにはバランス感覚や常識を涵養しておくことが必要であるが、欧米では批判的思考(critical thinking)といったものも利用されている。これは得られたデータや前提を常に吟味しながら、統計や数学的手法に基づいて推論を立てていく手法である。

元CIAの分析官リチャード・ホイヤーは、認知心理学の知見から、分析官といえども本来備わっている直感や心理学的なバイアスを排除することは困難であるとし、客観的な情報分析の限界を指摘する。それらは例えば、①人間は見たいと思うものを見る、②刷り込まれた印象が変化に対する感覚を鈍らせる、③おなじ現象に対して異なる視点から観察することの難しさ、④バイアスは簡単に形成されそれを覆すことは困難となる、等である。[122]

一般的に人間は一つの物事に専念する際に視野狭窄に陥る傾向があり、身近な偏ったデータのみを用いて客観的とはいえない情勢判断を行うことが多い。そして結論は大抵楽観的なものとなる。プロの情報分析官といえども時としてこの罠に陥ることは避けられないのである。かのシャーマン・ケントですらキューバ危機の直前、ソ連がキューバに戦略ミサイルを運び込むことはないと判断していた。その理由は、ソ連が核戦争に繋がるような危険を冒すことはない、という主観的な観測であった[123]。

人間の認知感覚は、本来は生存上の必要性から身に付けたものであるし、日常生活でも直感が役に立つことも大いにある。本能的にそれに逆らうことは困難であろう。そのため分析官が知っておかなくてはならないのは、人間の認知方法にはもともとバイアスがかかっているという事実と、それを乗り越えるための様々な工夫である。

分析の手法——主観とのたたかい

インテリジェンスの分析においては様々な手法が編み出されてきたにも関わらず、多くの分析官は長らく直感と経験に頼ったやり方で対処してきた。この分野で先頭を走っているＣＩＡの分析部門ですら冷戦期には「分析とはできるだけたくさんの資料を読み込み、対象について考えをめぐらし、それを指から絞り出す」というようなやり方が一般的であった[124]。

このような分析手法だと必ずどこかで主観的なバイアスが混入されるし、また分析がどの段階で歪んだのかチェックし難い。そこでＣＩＡでは構造的分析技法（structured analytic techniques）と呼ばれる分析手法が導入されたのである。構造的分析手法の狙いは分析過程を様々な形でマニュアル化することで、人間の主観の入り込む余地をなるべく少なくすることと、第三者から見ても分析の思考過程を客観的に把握できるようにすることである。[125] 既に述べてきた悪魔の弁護や競争分析は構造分析手法の一種であるし、後述する「競合仮説分析（ACH）」も代表的な手法の一つである。

ただしこのような情報分析の手法も確実なものではなく、人間の主観によって生じるミスリードを防ぐ、分析者の思考を整理する、といった意味合いで捉えた方が良いだろう。雑多な情報を順序良く整理するだけでも、その後の処理は格段に精度を増すといえる。

例えば過去にアルカイダが起こしたテロ事件を、時系列に並べていくだけでもそこに何らかのパターンや類推が生み出されるかもしれない。これは時系列図として知られているもので、情報機関では分析の最初に行うべき作業であるといわれている。またフローチャートや相手の「強み、弱み、機会、脅威」を分類するSWOTマトリックス、ネットワークを視覚化するリンクチャートなどもデータの整理によく利用される。

このようにデータを整理した上で情報分析に移るわけであるが、求められるインテリジェンスと収集したインフォメーションがそのまま合致するということはまずないため、欠けている情報は類推や仮説などを立てながら分析を進めていくしかない。例えば相手国の保有する兵器の数がわからない時、分析者は相手国の軍事力や規模から大まかな仮説を立てる。しかし分析官の主観による仮説が間違っている可能性は否定できない。そして誤った仮説の上に次の仮説を重ねていくことは危険極まりないのである。

情報分析作業を完成図のないジグソーパズルに例えるなら、個々のインフォメーションはパズルのピースであり、仮説はパズルを組み立てる際の指針に近い。パズルの一辺が真っ直ぐであれば、それが一番外側のパーツであるという推測が成り立つのである。

アメリカが日本軍の真珠湾攻撃を予測できなかった背景について考察を進めたウォルステッターは、「ノイズ（注：雑多な情報のこと）の中から意味ある音色を聞き出すためには、何かある物、何か一つに耳を傾けなければならない。要するに耳ばかりでなく、情報考察の指針たる仮説が必要なのである」と論じた。[126]

すなわち情報分析の過程で最も配慮されるべきは、「正しい仮説の設定」なのであり、この「仮説」をどのように導くのかということである。仮説というのは大抵、様々なインフォメーションや個人の知識などを組み合わせて作られるが、仮説自体の正しさを検証することが難しいのである。科学の領域であれば仮説を証明するために膨大な実験データと論理的思考が投入されることになるが、インテリジェンス分析の場合、限られた時間の中でなるべく多くの仮説を取り扱わなければならない。

真珠湾のケースにおいてアメリカの情報分析官は、「日本海軍の能力ではハワイ近海まで接近して攻撃を仕掛けるのは不可能」、「日本が強大なアメリカに戦争を仕掛けるはずがない」といった前提を立て、そこから「日本軍による東南アジア侵攻」という仮説を作りあげた。これは軍事分野で良く使われる可能行動分析と呼ばれているもので、敵軍の能力や戦術運用面の可能性から様々な仮説を順序付け、最も起こりそうなシナリオを想定する方法である。

しかしこれでは日本軍による真珠湾攻撃は予測できない。なぜなら上記の予測は前提が間違っているからである。マインドセットに陥った分析官は仮説と事実に基づいた前提を混同してしまうことがよくあるので、CIAではまず前提と仮説をきっちり区別しようとする。前提だと思っていたことが仮説に過ぎない場合、仮説の上に仮説を立てていくことになり、分析としては弱くなる。上記の日本に対する前提も実は前提などではなく、ただの思い込みである。そのため、仮説と前提を区別するためにリンチピン分析という手法が導入され、分析官がマインドセットに陥ってないかを常にチェックしながら分析を進めていくというやり方が導入されている。[127]

ランド研究所のジェームズ・ブルースは、分析官は自分の前提に対して常にそれが正しいかチェックし続けなければならないという。確認の方法として、自分の前提がその分野の権威に認められているか、大多数の分析官に支持されているか、そこに至る思考は論理的であるか、客観的なデータに基づいているか、などのチェックが有効だという。[128]

このやり方でもなお肝心の仮説自体の正しさを確認することは難しい。そのため、CIAでは仮説同士を戦わせて、根拠の弱い仮説を排除していくというやり方が考え出された。これは競合仮説分析（ACH）と呼ばれている手法であり、分析の最初の段階で仮説を幾つか設定し、その後入ってくる情報との整合性によって、徐々に仮説を絞り込んでいくやり方である。[129]

例えば一九六二年のキューバ危機の際、ソ連がキューバにアメリカを射程圏内に収める中距離核ミサイル（MRBM）を配備したかどうかの判定をACHで考えてみよう。この時の仮定としては、「キューバにミサイルあり」、「ミサイルなし」が考えられる。そしてこれらの仮定が、証拠として収集されたインフォメーションとどの程度合致するのかを検討するのである。現地キューバ人の情報提供者からは、キューバにミサイルが搬入されたというヒュミントが提供され、ソ連参謀本部情報局（GRU）の内通者、ペンコフスキー大佐の証言もこれを裏付けていた。またシギントはソ連の軍事顧問団がキューバに上陸している様子を捉えており、ソ連の輸送船団を捉えたイミントは、何か巨大で重量のあるものがキューバに輸送されていることを示唆していた。中でも決定的だったのは、ペンコフスキー情報を基にU2偵察機が撮影した配備済みミサイルのイミントであった。[130] この検討から、「ミサイルなし」の仮説は数々の証拠にことごとく反駁されていることがわかる。

この時、CIAの分析官の多くはソ連が核戦争のリスクを負うわけがないという理由から、キューバに戦略ミサイルは運搬されていないという判断を下していた。しかしACHは明らかにミサイルが配備されたという仮説を支持しており、そこには「リスクを負うわけがない」という主観的観測の入り込む余地はない。

図7　ACH

証拠（インフォメーション）＼仮説	ミサイルあり	ミサイルなし
現地キューバ人のヒュミント	○	×
ペンコフスキーのヒュミント	○	×
ソ連軍、キューバ軍のシギント	○	×
ソ連の輸送船団のイミント	○	×
キューバ上空のイミント	○	×
ソ連側の意図	？	？

高橋英雅は一九四一年後半にアメリカが日本軍の行動を予測するためにＡＣＨを用いた場合、どのような結論を得ることができたのかを詳細に検証している。その結果は、日本軍による東南アジアへの侵攻に比べると可能性は低いものの、ハワイ攻撃という仮説は反証されない、すなわちハワイへの攻撃は可能性として残るという興味深いものであった[131]。これらの事例は競合仮説分析という分析手法の可能性を示すものである。

これらのエピソードが示すように、情報分析の手法はいかに人間の主観的判断の欠陥を補っていくかに主眼が置かれている。北岡元は人間が主観的判断を下すのはある程度仕方がなく、その上でアートと技法を融合させることが重要であるとし、バイアス軽減の手法さえ身につけていれば直感の使用も恐れることはないと説く。

とはいうものの複雑怪奇な国際情勢を的確に分析する作業の困難さは並大抵のことではない。国際政治学者リチャード・ベッツによると、想像力が欠如し、インフォメーションをうまくインテリジェンスに昇華することができなければ、それは9・11同時多発テロのように、「事前の断片的情報はあったのに、それらがきちんと精査されなかった」という失敗を生み出す。断片的なデータがあっても、それらを結びつけることができなければインテリジェンスとはならないのである。

二〇〇九年十二月二十五日、オランダ・スキポール発アメリカ・デトロイト着のノースウエスト二五三便でテロリストによる爆破未遂事件が生じたが、この時もアメリカの情報機関は断片的な情報を上手く結びつけることができなかった。本事件においては乗客がテロ容疑者の行動を抑えて大惨事は免れたが、米上院の情報調査委員会はこれを「テロ容疑者に関する事前の情報の断片をそれぞれ照合し、認識することができなかった」と結論付けている。[132]

逆に想像力が逞し過ぎると、少ないインフォメーションを無理矢理つなぎ合わせてインテリジェンスに昇華させ、二〇〇三年のイラクの大量破壊兵器問題のように、「イラクが大量破壊兵器を開発している」といった誤った結論が導き出されることもある。

このようなジレンマに対して元CIA分析官のスティーブン・マリンは、これまでCI

Aの分析は社会科学分野の技法に頼り過ぎてきたが、人文科学的な手法、特に限られた資料の断片を繋ぐような歴史研究の手法に分析官のアートや想像力を磨く手がかりがあるとし、分析官はアカデミアからアートを学ぶべきであると説いた[133]。確かにインテリジェンス分析の世界で活躍したシャーマン・ケントやハリー・ヒンズレーらは卓越した歴史家でもあった。

また軍事史家ウィリアムソン・マーレーは、第二次大戦中にケンブリッジの学部生であったヒンズレーの活躍に触れつつ、「インテリジェンスは、絶えず不完全かつ曖昧な絵柄の中から何らかの意義を見出そうとする作業であるという意味で、科学というよりもアートに近い」と述べている[134]。

分析官の想像力による手法としては、「レッド・チーム分析」が挙げられる。これは分析官が担当する国の言語や文化に習熟し、相手の立場から物事を思考するやり方である。しかしイラク侵攻時の米軍はこの手法により、イラク兵が自爆攻撃を行うという前提で作戦を行うことになったが、実際に戦闘が始まると自爆攻撃などほとんどなかったのである。また二〇〇四年に米軍はイラン侵攻についてもレッド・チーム分析を行い、もし米軍が侵攻した場合、イラン軍はミサイル攻撃によって米軍を支援する湾岸諸国を攻撃し、防御的なゲリラ戦によって米軍の疲弊を待つ作戦を取るのではないか、との結論が導き出されている[135]。

分析における「アート」は洞察力や想像力のことであり、それらは経験の積み重ねや人文科学的な思考によって磨かれるのではないかと考えられる。そうなるとやはり分析のプロセスにおいて、すべての主観を排した技法のみの分析というのは極端すぎるのであって、ある程度アートの余地を残しておく必要性はあるといえる。

5　情報の配布・利用

情報の失敗

情報による失敗は、情報サイド、政策サイドともに起こりうる現象である。情報サイドにおける情報の失敗とは相手の意図の読み間違いや予測失敗など、確実な情報の不足と不十分な分析によって曖昧なインテリジェンスを発してしまうことである。ＣＩＡのオフィサーであったデニス・ゴームリーはさらに進めて、ルーチン化した情報収集と一定の思い込み（マインドセット）に嵌った分析が結びつくと、情報の失敗が不可避のものとなると述べている。[136] ブッシュ大統領は回顧録の中で、「フセインが大量破壊兵器を保有しているというのは、万人に共通のコンセンサスに近かった。クリントン大統領もそう確信していたし。議会の共和党と民主党も確信していた」と書いているが、これはまさに典型的なマインドセットであったと言える。[137]

また情報サイドがどれほど有益なデータを集め、それを客観的に分析・評価して質の高いインテリジェンスを生産しても、それが利用されなければ宝の持ち腐れである。政策決定者にとってインテリジェンスは選択肢の一つに過ぎないため、情報が使われなかったり、恣意的に利用されたりすることはそれ程珍しいことではない。

紀元前四八〇年、ペルシアのクセルクセス王は、彼の父がついに成し得なかったギリシャへの侵攻を開始した。そしてその途中、要衝であるテルモピュライ峠において、ギリシャ軍の様子を探るために斥候を派遣したのである。斥候の報告は、「兵士たちが体育の練習をしたり、頭髪に櫛を当てていた」というものであった。これに戸惑ったクセルクセスは配下のスパルタ人に報告の内容を吟味させるが、その答えは「スパルタ人は死地に赴く際には髪を整える」というものであり、言い換えればそれはスパルタ側が全力で戦おうとしている証であった[138]。

しかしこのような的確な情報と分析結果があったにもかかわらず、功を急いだクセルクセスは部隊を迂回させず、狭隘なテルモピュライで戦端を開いた。六万人以上もの兵力を擁したペルシア軍は、レオニダス一世率いるわずか三〇〇人のスパルタ軍重装歩兵と六〇〇〇人のギリシャ諸国連合軍に苦戦し、最終的に峠を突破するのに数万もの犠牲を払わなければならなかったのである。この戦いにおけるクセルクセスの情報軽視は明らかであろう。

その約二五〇〇年後、今度はソ連のスターリンが、同じような過ちを犯している。一九四一年六月、スターリンのもとにドイツ軍が侵攻してくるという情報や警告が四八回にもわたって届けられていたにも関わらず、スターリンはこれらをすべて無視した。その結果、六月二十二日から始まる独ソ戦の緒戦で、ソ連赤軍部隊は甚大な損害を被ることになったのである。このように為政者やリーダーが的確な情勢判断を無視した結果、取り返しのつかない状況を招く、というのは古今東西に見られる事例である。

この現象は一般的に「情報の失敗」と呼ばれる。[139]純粋に情報のみで失敗が導かれることは稀であるが、情報が絡んだ失敗例は数多く見られる。またその失敗例は、①情報サイドの失敗、②政策サイドの失敗、③双方の失敗の事例が考えられる。

また様々な事例を検討していくと、政策、情報サイドともに幾つかのマインドセットに沿った「読み間違い」をすることが多い。それらは大別すれば、①相手への過大評価、②相手への過小評価、③自信過剰、④現状維持への志向、⑤情報そのものの無視、または情報の欠如があるとされる。

相手への過大評価としては、例えば第二次大戦前にイギリスがドイツの軍事力、特に空軍力を多めに見誤っていたことが、イギリスの外交・安全保障に影響を及ぼしたとされる。もしドイツとの戦争になればロンドンは爆撃され、イギリスは苦戦を強いられることになるとの情勢判断から、一九三八年九月のミュンヘン会議で秘密情報部（ＳＩＳ）のヒュー・シンクレア長官はズデーデン地方のドイツへの割譲をネヴィル・チェンバレン首相に進言したのである。[140]その結果、チェンバレン首相はかの宥和政策を実行したとも言われる。

冷戦期、アメリカの情報機関はソ連の軍事力を多めに見積もることが多かった。特に核戦力に関しては、ソ連がまだ数発の核弾頭しか有していなかった一九五〇年代から六〇年代にかけて、アメリカは数百発の見積もりを弾き出していた。この種の話で有名なものは、一九五九年にミサイル技術分野においてアメリカが劣勢にあるとした「ミサイル・ギャップ論争」や、一九七九年にアメリカがソ連からの先制核攻撃に脆弱であるとする「脆弱性の窓」の問題であり、これらの議論は常にアメリカがソ連の核戦略を過大評価していたことから生じていたのである。

しかしその後逆に、一九八〇年代にはソ連側が西側の核戦力を過大評価し、当時の中距離弾道ミサイル、パーシングⅡのNATO配備やレーガン大統領の提唱する戦略防衛構想(SDI)によって、ソ連側はアメリカが核による先制攻撃を行うのではないかと考えるようになった。特にソ連にとってパーシングⅡの性能は脅威であった。そして一九八一年、ソ連最高指導者レオニード・ブレジネフの命によってユーリ・アンドロポフKGB議長は「リアン作戦」を発動し、アメリカの核攻撃の兆候を摑むために西側で大規模な情報収集活動を開始したのである。[141]

同作戦は西側の意図を拡大解釈した前提で行われており、KGBは攻撃を防ぐために西側の政治指導者に対して爆発物による暗殺まで計画していたが、MI5とCIAが事前に情報を摑んだことで実行されなかった。[142] 同作戦はアンドロポフがソ連最高指導者になった後も続けられ、そのクライマックスは、一九八三年に実施されたNATOの対ソ軍事演習「エイブルアーチャー」や大韓航空機撃墜事件の直後に訪れる。

同年九月の段階でソ連側は核戦争が近いと信じ込むようになっていた。この時、ソ連側の早期警戒衛星はアメリカからの未確認飛行物体を捉えており、ソ連側の対応次第では核戦争が起こっていた可能性が極めて高かったのである。このように冷戦期の米ソ・インテリジェンスは、核兵器への脅威と情報収集の困難さからお互いの能力や意図に関する脅威を過大評価する傾向にあったといえる。

相手に対する過小評価としては、一九四一年を通じてチャーチル首相が日本軍の軍事的能力を見誤っていたことがよく知られている。チャーチルの戦略は、日本軍が英領マレーに侵攻してきても三か月は持ちこたえられ、その間に援軍を送ればシンガポールは難攻不落であるというものであったが、実際に日本軍が攻めてくるとシンガポールはわずか七〇日で陥落したのである。[143]

当時はチャーチルだけでなく、イギリスのインテリジェンスや軍部も総じて日本軍の能力を侮っており、そのツケは早すぎたシンガポール陥落や虎の子の戦艦「プリンス・オブ・ウェールズ」と「レパルス」の沈没という形で支払われることとなった。

欧州においても一九四〇年五月にドイツ軍によるフランス侵攻が開始され、その情報もフランス軍に伝わっていたが、ドイツ軍の機甲部隊がアルデンヌの森を突破できないと楽観視して、対処を怠ったのである。[144]また映画『遠すぎた橋』で有名な一九四四年九月のマーケット・ガーデンプレイス作戦において、英軍は強引にアルンヘルム強襲を行ったが、ドイツ軍の配備状況を過小評価して強襲した結果、手痛い損害を蒙っている。

朝鮮戦争の際には、ダグラス・マッカーサー国連軍総司令官は中国からの度重なる警告にもかかわらず、中共軍の介入を信じていなかった。そして現実に中国が介入してくると米軍はパニックに陥ったのである。朝鮮戦争の際、マッカーサーの情報官であったチャールズ・ウィロビー准将は「中国軍の人数と意図を故意に矮小化した」のであり、このような情報評価は「中国は介入してこない」というマッカーサーの楽観的観測を支え続けた。[145]

自信過剰の場合は客観的な情報を打ち消すほどの自信から情報を捻じ曲げてしまうケースである。例えば一九七三年十月の第四次中東戦争（ヨム・キプル戦争）に顕著であり、イスラエルの軍事情報機関アマンとその報告を受けていたゴルダ・メイア首相は、アラブ諸国はしばらくの間イスラエルに対して戦争を挑むことはない、との固定観念（コンセプト）に凝り固まっていた。[146]この固定観念はイスラエル側にある種の楽観をもたらし、どのような情報が入ってきてもそれが覆ることはなかったのである。戦争の数日前にイスラエルの国境近くにエジプト、シリア両軍部隊が次々と集結している状況になってさえ、それが演習のための移動と信じられていたため、戦争が始まるとイスラエル軍の前線部隊は総崩れとなったのである。

現状維持への志向は警戒を示す情報があっても現状維持の方が優先され、情報や警告が上手く活かされないようなケースである。これは誰もが経験したことのあるような、熟睡している時に鳴る目覚ましへの反応に近い。第四次中東戦争の開戦予測に失敗したＣＩＡの分析官は当時についてこう反省している。「我々はＸという期日までは状況を静観することにしていた。Ｘが過ぎると今度はＹの段階でイスラエルに警告を送ることを決めた。Ｙの段階になると今度はＺという兆候が現れるのを待った。しかしＺを待っている間に戦争が始まってしまった[147]」。

また一九八二年のフォークランド戦争に至る過程において、現状を維持するためにアルゼンチンとの外交交渉を引き伸ばそうとしていたイギリス側は、様々な情報を入手していたにもかかわらず、アルゼンチンの戦争への意図を明らかに過小評価していたのである[148]。

最後のケースはそもそも信頼に足る情報が存在しなかった、もしくは情報が無視されていた、というパターンである。例えば一九四一年十二月八日の日本軍による真珠湾攻撃をアメリカ側から見た場合、日本軍の奇襲を明示するような情報はほとんどなかったため、これに対処することは困難であったと考えられる。ＣＩＡが一九九八年五月のインドによる核実験を事前に予測できなかったのも情報の不足によるところが大きかった。

これらのケースの多くに共通する根本的な問題は、インテリジェンスに対する情報サイドと政策サイドの見解の違いにある。これが「情報の政治化」と呼ばれる現象を引き起こして問題を複雑にしているのである。

情報の政治化

インテリジェンスの歴史を紐解けば、情報サイドが政策サイドの方針に配慮して意図的に情報を歪めたり誇張したりするような現象が散見される。これは情報の政治化と呼ばれる。

一九八五年頃、CIAでは一九八一年五月十三日に生じたローマ教皇、ヨハネ・パウロ二世の暗殺未遂の背後にソ連がいるかどうかで激論が交わされていた。当時、レーガン政権の反共政策を意識していたウィリアム・ケイシー長官は個人的な見解としてソ連の関与があったことを主張したが、決定的な証拠は見つからなかった。しかしCIA情報副本部長だったロバート・ゲイツは、ケイシーの主張に沿って情報収集活動と分析を指示し、暗殺未遂はソ連が裏で糸を引いていたと断定したのである。[149] 後知恵的に見ればこの判断はおおよそ正しかったと言えるので、ゲイツの行為が批判されることはなかったが、このように情報の政治化は、情報サイドが政策サイドの方針を意識することに端を発しているのである。外務省初代情報調査局長を務めた岡崎久彦は、「情勢判断が狂う最大の原因は、それが政策論争にからむ場合である」と自らの経験から語っており、[150] 政治化を防ぐためにインテリジェンスはある程度政策論争から距離を置く必要があるといえる。

また情報の政治化は、政策サイドがインテリジェンスを歪曲することでも生じる。例えば朝鮮戦争の際、マッカーサーは政策決定を牛耳るという明確な目的を持ってCIAを排除し、朝鮮情報を独占した上でそれを捻じ曲げた。逆に周恩来の軍事参謀であった雷英夫は、綿密な情報収集に加え、マッカーサーの性格や戦術を慎重に検討した結果、国連軍が仁川に上陸する公算が高いというインテリジェンスをはじき出した。毛沢東はこれを高く評価したが、肝心の金日成が受け入れなかったため、北朝鮮軍はマッカーサーの奇襲を許してしまったのである。[151]

かつてアメリカ国家情報会議（NIC）副議長を務めたグレゴリー・トレバートンによると情報の政治化の類型としては、①政策サイドからの圧力によるインテリジェンスの歪曲、②分析者がある事象に対して凝り固まった見解を示し、他説を受け入れなくなること(House view)、③政策サイドによる情報のつまみ食い(Cherry picking)、④政策サイドからの質問の仕方、問題設定による無意識の歪曲、⑤政策サイド、情報サイドがマインドセットに陥ってしまうこと、などがあるという。[152]

このような情報の政治化は、情報サイドと政策サイドのインテリジェンス観が異なるために生じることが多い。

一般的に情報サイドは客観的、学術的な観点からインテリジェンスを作り出すため、事象の客観性や本質を追求するものである。これに対して政策サイドは限られた時間の中で結果が求められるため、インテリジェンスに客観的な真実を求めるというよりはむしろ、自分の政策を遂行する上で有益なインテリジェンスを必要とする。そのためいかにインテリジェンスが正確であろうと、それが政策に合致しなければ無視されるか、用途のために歪曲されるのである。

例えるなら腕のいい仕立屋が最高の生地を仕入れ、顧客のサイズにぴったりな服を作っても、客がそれを気に入らなければそこまでなのである。これを防ぐためには、仕立屋と顧客が常に接点を持ち、仕立屋が顧客のニーズや好みを的確に把握しているか確認した上で作業する必要があるが、幾つもの注文を抱えている仕立屋や忙しい顧客にとってそれはあまり現実的ではない。従って仕立屋は最初の段階で顧客のニーズをきちんと把握しておく必要がある。これは後述するが、ある種のセンスが必要な領域である。

情報機関は自分達のインテリジェンスが無視されたり曲解されたりしないように細心の注意を払ってきた。基本的に情報サイドは情報収集、分析・評価を行ったインテリジェンスを政策決定者や軍人に提供するための組織であり、情報サイドはインテリジェンスの利用法まで立ち入って助言することはほとんどない。なぜならある政策が遂行された結果、その責任を負うのは政策サイドであり、情報サイドではないからである。そのため情報サイドはインテリジェンスを報告・配布するまでがその任務であり、その後の決定や判断は政策サイドの領域なのである。

イスラエル軍事情報部、アマン長官を務めたシュロモ・ガジト元少将は、自らが関わった一九七六年七月のエンテベ空港強襲作戦（サンダーボール）について回想している。この作戦はウガンダのエンテベ空港でハイジャックされた旅客機から人質となったユダヤ人を救出するという極めて困難なものであった。

この時ガジトは情報官として、空港にウガンダ空軍のミグ戦闘機が配備されているという事実だけを政府首脳に伝えている。もしイスラエル軍部隊やモサドが航空機を使って救出作戦を行う場合、このミグの存在は看過できないものであり、その破壊は作戦を成功させるために必須であったが、他方、ミグに対する攻撃はウガンダ軍部隊との戦争行為に発展し、国際問題となることは明白であったため、慎重な政治的判断が必要であった。そのためガジトは情報官としてあえて一線を越えるような助言は行わなかったのである。[153] 最終的にイスラエル首相、イツハク・ラビンは作戦の成功を最優先してミグの爆破を命ずるが、この事例は情報と政策の関係をよく示しているといえる。既述のキューバ危機にしても、インテリジェンスの役割はキューバにミサイルが配備されているかどうかの材料を提供することであり、ソ連に対してどのようなオプションを発動するのかを検討するのは政策決定者の役割である。

政治家が「情報が足りない」と言うのは本当に足りないというよりは、自らの嗜好に合った「読みたい情報」が足りないのであって、客観的なインテリジェンスは十分に届いていることが多い。ジョセフ・ナイによると、官僚組織は紙の文書によって動くが、政府の中枢になればなるほど口頭での説明——それもごく短期的な見通し——が増し、情報とアドバイスの区別がつかなくなるため、このことが情報の政治化を促す一因とされている。[154]トレバートンは自らの経験を以下のように綴っている。

カーター政権の初期、モンデール副大統領がスペインとポルトガルを訪問するというので、彼が望むように口頭での説明を行った。副大統領が「ポルトガルは北大西洋条約機構（NATO）の一員じゃないから彼らとの軍事協力を進めるよう促した方が良いね」と発言したところ、周りから「いえ副大統領閣下、それはスペインでポルトガルではありません（筆者注：スペインは一九八二年にNATO加盟）」と修正が入った。それを受けて副大統領はこう答えた。「わかった、他に間違ったところはあるかね[155]」。

このような調子で情報サイドと政策サイドがやり取りしていれば、必ず「言った言わない」の問題や、情報の曲解などが生じるのはある意味必然であると言えよう。

とは言え、情報の政治化とは、情報に政治的なスパイスで味付けして使い易くすることでもあるため、必ずしも政治化が悪いとは言い切れない。[156]報告書の内容がそのまま一〇〇%政策決定に利用されることなどまずなく、大抵はその中から情報をかいつまんだり、難解な用語は咀嚼して利用されるわけだから、情報の政治化は情報が人から人へ伝えられる過程で本質的には避けられない現象なのである。そもそも同じ情報でもその解釈は立場によって異なる。

例えば「A国が核実験を行った可能性がある」という情報があるとすると、情報サイドはインテリジェンスの確実性を重視するため、この文言の「可能性」というところに細心の注意を払うであろうし、外交政策に関わるスタッフであれば「A国」の箇所に関心を抱くかもしれない。すなわち情報サイドが政策サイドに強調したい箇所は、政策サイドから見ればあまり重要でないかもしれないため、両者の間にインテリジェンスに関するギャップが生じるのである。

根本的な問題は情報そのものである。情報とは時間と同じく物理的に存在しない概念である。人間にとって情報とは外部環境の認識でしかなく、その解釈はそれぞれに委ねられている。[157]外に出かける際、雨の降りそうな曇り空を見て、傘を持って出かける人もいれば持たない人もいる。政策決定者が提出される情報をどのように受け取るかは主観的な問題であり、究極的には情報の政治化は必ず起こりうる。このような問題に対する根本的な処方箋は存在しないが、少なくともインテリジェンス側は政策サイドに傘を持って出かけてもらうにはどうすれば良いかを常に模索する必要があろう。

アーネスト・メイによると、政策決定者や軍指導者が知りたい情報の本質は、「①何が起きているのか、②何が変わろうとしているのか、③何をすべきなのか」という三点に凝縮される。情報組織は的外れのレポートを提出しないようこの点を考慮しておかなくてはならない[158]。

政策サイドと情報サイドのギャップ

これまで述べてきた問題は、いかにインテリジェンスを政策サイドに利用してもらうかということである。政府組織の場合、情報サイドと政策サイドはそれぞれ別の観点からインテリジェンスを見ているため問題が複雑化する[159]。

情報サイドにとっては政策サイドが唯一のカスタマーであり、客観的なインテリジェンスによってカスタマーの政策を導くことが理想とされる。ケントはインテリジェンスの客観性を担保するために、情報サイドは政策サイドからの影響を受けない距離に身を置くべきであると説き、この考えはその後のCIAに大きな影響を与えた。情報組織にとっての究極の目標は正確で客観的、さらに言えば的中率一〇〇%のインテリジェンスを作り出すことにあるため、政策の影響を受けないようにするのは当然である。

一方、政策サイドから見た場合、インテリジェンスは政策決定に影響を及ぼす多くの要因や手段の一つでしかないのである。アレン・ダレスが、「CIAは、上からはっきりと指令された時と場所以外では、政策事項には介入しないというのが確立した通則である」と述べているように[160]、政策と情報の関係は完全に対等なものではなく、政策サイドは情報サイドに立ち入ってインテリジェンスを取捨選択することができるが、情報サイドは政策サイドに立ち入ることができないということである。仮にもし情報機関が政策に介入し出すと陰謀論の類がまかり通ってしまうことになる。このような一方通行性から、政策とインテリジェンスの間には半透膜の分離帯が存在しているとも言われる[161]。

政策決定者にとってインテリジェンスとは、目先の問題を解決するためのものでなければならない。そのため中長期的なインテリジェンスは時として自らが策定する政策の選択肢の幅を狭めてしまうことになりかねないため、できれば黙殺するか、適当に使えそうな情報をつまみ食いして、自らの都合の良いように解釈する誘惑に駆られるのである。一九九〇年秋、アメリカの国家情報会議（NIC）は当時のブッシュ政権に対して国家情報見積（NIE）を提出し、ユーゴスラビアが分裂する危険性を警告していたが、ホワイトハウスはイラクのクウェート侵攻問題に忙殺されており、この警告を黙殺したのである[162]。一般に国家の指導者や政治家ともなれば自我が強く、取り巻きの進言をいちいち受け入れて行動しないことが多いだろう。第二次世界大戦中、戦略情報を重視しなかったヒトラーは、内なる全能の神の導きに従って重大な決断を下していたそうである[163]。国のトップともなれば政策の選択肢を増やそうとするため、インテリジェンスによってその選択の幅を事前に狭めようとはしない。[164]

さらに言えば、政治家の政策決定というのは極めて「政治的」な行為である。選挙のための支持率や官僚組織間の政治力学、ロビイストや様々な団体からの支援や圧力といったものを考慮すれば、インテリジェンスが政策決定に与える影響というのは限定的にならざるを得ない。平時であれば外交や安全保障の分野ですら、インテリジェンスがどの程度の説得力を持ち得るかは疑問が付きまとう。

よってインテリジェンスはそれぞれの信念を持つ政治家に対して、一定の方向を向いてもらうという困難な任務を果たさなければならない。もし情報機関がこれに失敗すれば「情報はあったのにそれが活かされなかった」といういつものような失敗例として片付けられてしまう。

しかし冷静に考えるとこれは解き難い問題である。もし情報機関が情報カスタマーに対して口うるさく警告を発し続ければ、政策決定者は情報機関を狼少年と見なし、本当の危機の際に耳を貸さなくなるだろう。かといって情報機関が政策決定者に対して配慮しすぎると、今度は為政者にとって都合の良い情報しか上がらなくなり、これはインテリジェンスとしてはもはや役に立たなくなる。

インテリジェンスとは正確な情報であることが前提であるが、同時にカスタマーの欲する情報でなければならない。逆に言えばいくら正確で客観的な情報でも、カスタマーが関心を持たなければそれは意味をなさないということである。一九八三年四月十八日、レバノン情勢に関心を抱かなかったホワイトハウスは、ベイルートのアメリカ大使館への爆破テロによって多くの犠牲者を出している。しかしインテリジェンスは事前にレバノンの優先順位が高いことを示していたのである。一般的に政策サイドが重要と認識していない事案に関心を向かせるのは困難なことである。

ただしカスタマーの観点に立てばまた話が異なってくる。一九四一年十二月の真珠湾攻撃、一九七三年十月の第四次中東戦争、二〇〇一年九月の同時多発テロの際、インテリジェンスから政策サイドへの事前警告はなかったとされ、どのケースにおいても攻撃を受けた側の損害は甚大なものとなった。このような状況に直面した場合、政策サイドは「なぜインテリジェンスは警告しなかったのか」と情報サイドに対して不平をぶつけることになる。

さらなる問題として、政策サイドは明確な情報を好むのに対して、情報サイドは「絶対確実に起こる」などとはとても言えないことが多く、曖昧な情勢判断を下す傾向にある。インテリジェンスは「〇×が起こる可能性は六〇％」、「恐らく〜だろう」といった言い回しで報告書を作成するが、読み手にとってこの「六〇％」や「恐らく」はどの程度の確度なのかはっきりとしない。

また政策サイドは短期的な問題（トピックス）を中長期的な問題よりも重視する傾向がある。それも次から次へと時間をかけずに解決したがる。これは「悪貨が良貨を駆逐する」ように、「火急の課題が中長期的な課題を駆逐する」と置き換えても良い。政治家であれば、常に次の選挙や支持率のことを考えなければならず、あまり長期的な問題に手を出したがらない。

これに対して情報サイドは官僚機構であるから長期的に物事を考えるし、時間をかけて中長期的なレポートを書く方が得意であろう。テレビの緊急ニュースである国の政変を見た首相が急に情報分析官を呼びつけ、これが明日にはどうなるのか見通しを提示せよ、と問いかけられても、分析官がよほどその国の情勢に精通していない限りは困惑するだけだ。

もちろん分析官はトピックスと呼ばれる近々の事象に対してもカレント情報として短期的な見通しを政策決定者に報告しているが、彼らの得意分野はむしろそのような現象の裏にある歴史的経緯や情勢などである。政策決定者は海上に浮かんだ氷山の一角を見たがるが、分析官は日々海面より下の氷山を観察しているのである。

しかし政策サイドから見ればこのような情報サイドの態度には不満が残る。レーガン政権下で国務長官を務めたジョージ・シュルツの回想には「CIAのどじ野郎」、「インテリジェンスのちょろまかし」といったインテリジェンスに対する数々の辛辣な表現が散見される。[165] これは政策サイドのインテリジェンスへのフラストレーションを端的に示したものであるといえよう。

情報サイドは情報収集、分析の手段を駆使して正確で客観的なインテリジェンスを生み出し、それが政策サイドに利用されることを望むが、それに対して政策決定者は、短期的な課題を確実に解決してくれるような、それでいて自分の志向に合った情報が欲しいと考える。ここに情報サイドと政策サイドのギャップが生じているのである。もし情報サイドがある程度政策サイドの意向を汲まなければ、このギャップはどんどん広がり、政策決定者にインテリジェンスはあまり役に立たないという印象を植え付ける。

情報サイドと政策サイドの距離が離れてしまうと、情報機関はどのようなインテリジェンスを提供すれば良いのか見当が付かなくなり、的外れなものを提供してしまうことになる。そうなるとカスタマーの側はインテリジェンスには見向きもしなくなり、情報を軽視した主観的な政策や作戦が練られてしまう。これは太平洋戦争中の日本軍に顕著な例で、情報サイドが的確なインテリジェンスを上げていても、それが作戦サイドにほとんど活かされていなかったのである。

いずれにしても政府の中で情報サイドと政策サイドを分けた時点で、両者の間にはギャップが生じ、それぞれは論理が異なる別々の世界で仕事をすることになったのである。

正確さと影響力

インテリジェンスが正しく政策サイドに伝わるためには、情報と政策間のギャップを乗り越えなければならない。これまで述べてきたように情報サイドと政策サイドは異なった思考の下で行動しているため、時に情報は水面で屈折する光のように捻じ曲げられる。情報サイドが分析の正確さを自負しても、それが受け入れられなければ単なる自己満足に過ぎないのである。国家組織における情報には常に「正確さ」と「影響力」がトレードオフの関係で付きまとっているのである。すなわち「客観的で正しい情報」は、場合によってはなかなか受け入れ難いものであるし、逆に「影響力のある耳に聞こえの良い情報」は正確さに問題がつきまとうということである。

これまで述べてきたように、制度上、政策サイドと情報サイドは峻別されている。ところがインテリジェンスを政策に上手く活かそうとすれば、情報サイドは政策サイドに対して何らかの働きかけを行う必要がある。制度上、政策と情報は分離していても、運用上はお互いが歩み寄らなければならない。前者は制度や組織論、後者は人的関係やコミュニケーションの領域になろう。

政策決定過程において政治指導者はいつも合理的な根拠に基づいて的確な判断を下すわけではなく、これまで述べてきたようにその行動は人間関係や組織の文化、本人の信念等に大きく左右される。そのため、情報サイドは政策決定過程における不確定要素、特に組織間の政治力学や人間関係(chemistry)を見据えていかなくてはならない。日本流にいえば運用面の問題ということになろう。アメリカでは政策サイドがインテリジェンスに目を通す時間は一日にわずか一〇―一五分しかないと言われているため、情報サイドは短時間のうちにインテリジェンスの要点を説明できる能力と、かつ人間関係を円滑に進める能力も問われるのである。[166]

情報機関の長は日頃から定期的なブリーフィングによって、政策サイドとの間に信頼関係を築いておく必要がある。イスラエルのモサドは首相や閣僚からの信頼を基盤としている組織であるし、日本の内閣情報官も毎週首相や官房長官に対してブリーフィングを実施している。意外かもしれないが、日本の首相と情報官は他国に比べても比較的緊密な関係を維持しているのである。

この点から類推すれば、情報組織のトップに求められる資質は、リーダーが誰であろうと円滑な関係を築き上げられるようなコミュニケーション能力の高さということになろう。

内閣情報調査室長を務めた大森義夫は歴代総理とのコミュニケーションと情報報告を両立させるのに苦心したようであり、後に「総理報告のコツは相手にしゃべらせることである。こちらが講義のようにしゃべり続けるのは愚である。人間誰しも人に聞くより自分で口に出した言葉の方を覚えているものだ」との感想を残している。[167]大森が人間関係を処理するアートを重視していたことがよくわかる。

また情報や新規のアイディアがなかなか政策決定者の固定観念を崩せない事例はよく散見される。二〇〇三年のイラク戦争直前、中央情報庁（CIA）や国防情報局（DIA）がイラクの大量破壊兵器保有の情報を信じていた頃、国務省情報調査局（INR）だけはこのような見積もりに懐疑的な姿勢を示していた。[168] しかし当時のブッシュ政権はイラクが大量破壊兵器を保持しているという前提で動いていたし、CIAや軍部に比べるとINRのホワイトハウスへの影響力は控えめなものであった。結果としてINRの慎重論が正しかったことになるが、この事例は情報が正しくてもそれをカスタマーに受け入れさせるには、組織間の力学や人間関係に頼らなければならないということを示している。

アメリカにおける核戦略の第一人者であったアルバート・ウォルステッターは、米空軍に彼のアイディアを受け入れさせるため空軍で何と九二回にも及ぶプレゼンテーションを行い、すべて徒労に終わったという。[169] ウォルステッターの理論が空軍の核戦略を劇的に変化させるほどのものであったにも関わらず、である。これに懲りたウォルステッターは、正面から自説を相手にぶつけるよりは、空軍内の政治をよく観察し、効果的に自らの理論を浸透させるにはどうすれば良いのかを学んだ。彼が実際に行ったのは、空軍上層部で彼のアイディアを受け入れてくれそうな人物を探し、その政治力を利用することであった。

この種の問題が示していることは、情報サイドの長は情報分析や洞察に優れているだけではなく、交渉力や政治力にも秀でている必要があるということである。要は正確なインテリジェンスを政策サイドに売り込むことのできるような能力である。

ただし情報機関の長が政策サイドに受けの良い情報ばかりを提出しようとすると、それはまさに情報の政治化を引き起こし、さらには情報機関のスタッフからは曲学阿世の人物として信用を失ってしまうリスクがある。

CIA長官特別補佐官を務めたハーバート・メイヤーは、情報機関の長の資質について以下のように書いている。

情報機関の長は両サイドの間を軽快に行き来できなければならない。自らの組織を率いるために、長たる者は秀でたインテリジェンス・オフィサーであるべきだ。その資質は、事実への飽くなき探究心、事象に対する徹底的な調査の姿勢、遠くはなれた地の馴染みのない出来事に対する好奇心といったところである。しかし同時に政権の中枢と仕事をするためには、政策決定者達が何を求めているのかを的確に把握し、それを理解しやすい形に咀嚼して提示する能力も備えていなければならない。[170]

情報機関の長たるものは、情報オフィサーとアドバイザー両方の資質を備えており、政策と情報の間で仕事のできる人材でなければならないのである。ウォルター・ラカーはその資質について「リーダーシップと政治的配慮、そしてインテリジェンスに関する天性が必要」と説いている。[171] 既述したように情報とは正確さと影響力の間で揺れ動くものであるから、情報機関の長は両者のさじ加減を見極める慧眼を持ち、絶妙のタイミングで政策決定者に報告しなければならない。

一九七〇年四月の米軍によるカンボジア侵攻の直前、CIAの分析チームはリチャード・ヘルムズ長官に対して、カンボジア侵攻にはあまり意味がないとするレポートを提出した。この分析チームは米軍がカンボジア侵攻を計画していることを知らずにレポートを書いたのだが、ヘルムズはホワイトハウスと軍部の計画に異議を差し挟むことを控え、このレポートを敢えて提出しなかったのである。[172] ヘルムズの例は、情報機関の長がインテリジェンスだけでなく、政策やその時の政治情勢に精通している必要があることを物語っている。

また一九四一年六月に、独ソ戦が生じた際、日本陸軍参謀本部作戦部の意見は、ドイツの短期的勝利の前提に立った対ソ参戦であった。これに対して参謀本部情報部ロシア課の判断は独ソ戦長期化であり、対ソ戦には反対であった。従来の作戦部と情報部の力関係から言えば、作戦部の対ソ参戦の方が優位に立つはずである。しかし当時の政治状況は南進を推し進める陸軍省や海軍、日ソ中立条約遵守の外務省が、北進を主張する参謀本部作戦部と対立していたため、ロシア課長、磯村武亮大佐はこのパワーバランスを見極めた上で南進派に「独ソ戦の長期化」という判断材料を与え、間接的に北進を狙う作戦部の独走を抑えたのである。[173]

情報と政策の距離

これまで述べてきたように、インテリジェンス・サイクルにおける情報収集や分析の領域においてはある程度の技法が確立されているが、インテリジェンスが政策サイドに届く段階は組織間力学や人間関係というアートが支配する領域となる。そのため情報機関の長は、情報と政策間のギャップの差を埋めるために、時の政権や政治リーダーとの意思疎通を図り、政策サイドにどのような情報を提示すべきかについて熟知しておかなくてはならない。

情報分析の正確さを保証するのは、インテリジェンスの政治的な中立性である。この原則が揺らぐと、情報機関が政局争いに巻き込まれたり、政治家に聞こえの良い情報を上げる政治化が起こりやすい。イスラエルのモサドはその設置経緯から、長らく「イスラエル労働党の情報機関」と見なされてきた。そして一九七七年に右派リクード党が政権を握った途端、政権とモサドの関係はぎくしゃくする。モサドは野党時代のリクード党首、メナヘム・ベギンを要注意人物として監視しており、その人物が今度は首相になったことでモサド幹部は困惑したのである。リクードはモサドを支配下に置こうと画策し、そのような試みはアメリカでのスパイ事案、ポラード事件の遠因となったのである。

情報機関がこのような政争に時間と労力を割かれるのは不幸なことであろう。アメリカやイギリスであれば、情報機関の中立性はある程度担保されており、政権が代わっても情報機関の長は引き続きその職務を果たすことができる。例えば、ＦＢＩ長官などは一〇年の任期制である。

ただしアメリカのインテリジェンス・コミュニティは一九七〇年代まで、大統領やそれを補佐する国家安全保障会議から指示らしい指示を受けていなかったとされている。また情報サイドの方もケントの主張に基づき、情報分析の客観性を維持するために政策サイドに近寄ることを良しとしなかった。すなわち一九七〇年代には情報と政策の距離が離れすぎており、ＣＩＡは独断的に秘密工作に専念し、政策サイドは情報機関があてにならないとして独自の検討を行うようになっていたのである。

一九七六年三月、保守派からなる大統領の諮問機関が、ＣＩＡ及び国家情報見積はソ連の脅威を正確に捉えていないとの結論を導き出した。これによってホワイトハウスはＣＩＡのソ連分析チームとは別に、外部の有識者による「チームＢ」を立ち上げ、ソ連の軍事力に関する報告書作成を依頼したのである。チームＢの中には、リチャード・パイプスやポール・ウォルフォウィッツのような後にネオコンと呼ばれるタカ派の知識人が参加していた。このチームＢはＣＩＡの機密資料にアクセスすることを許されていたが、彼らはソ連の軍事力を現実よりはるかに多めに見積もり、対ソ強硬路線を主張した報告書を提出したのである。

この報告はまさに当時の政権が求めていたものに沿った内容であり、チームBは政権内の空気を読んで恣意的な報告書を提出したといえるが、この報告書の内容はかなり的外れなものであったことが、ソ連崩壊の後に明らかとなった。しかしこの報告書は、レーガン政権の対ソ強硬路線に寄与したと考えられるのである。

このように政権がより「都合の良い」情勢判断を求めて、情報機関よりも外部の有識者に頼るようになると、今度は情報サイドの危機感が高まる。そのためアメリカではインテリジェンスを活かすために情報と政策の距離を縮めるべきであるとする議論が一九八〇年代に見られた。

CIA副長官時代のロバート・ゲイツは、インテリジェンスは政策に利用されてこそ存在価値がある、との信念から、情報サイドは政治や政策に歩み寄らねばならないとする「ゲイツ・モデル」を提唱した[174]。これはCIAのインテリジェンスがアメリカの政策決定にあまり役に立っていないとの考えから生じており、情報は政策から一定の距離を置くべきとしたシャーマン・ケントからの離別でもあった（とはいうものの、歴代二〇人のCIA長官のうち、プロのインテリジェンス・オフィサーだったのはヘルムズ、コルビー、ゲイツの三人だけで、その他は軍人や政治家であり、長官自身がインテリジェンスの運用や情報と政治の関係について精通していたかどうかは怪しい）。

ゲイツがCIA長官に就任した一九九一年以降、CIAと政権の距離は急速に縮まり、一九九七―二〇〇四年のテネット長官時代にはCIAと大統領の関係はCIA史上、最も親密なものとなった。二〇〇三年のイラクの問題の際、ジョージ・テネットCIA長官とブッシュ政権は一蓮托生といえるほどの関係になっていたのである。二〇〇三年二月、パウエル国務長官が国連安保理でイラク問題について演説した際、その後ろに陣取っていたのはテネットCIA長官であり、イラクの情報に関する責任はすべてCIAに帰するといわんばかりの存在感であった。しかしその後イラクに大量破壊兵器が存在しなかったことで、テネットは責任を取って辞任することになり、同時にゲイツ・モデルも見直しを迫られ、二〇〇五年に国家情報長官（DNI）が設置されることで、CIAは脇に追いやられたのである。

ゲイツがCIAの存在感に警鐘を鳴らしていた頃、大西洋を隔てたイギリスのインテリジェンス・コミュニティにおいても同じような現象が生じていた。イギリスの場合、冷戦が終結したことがその契機であった。冷戦中であればイギリスに対する脅威は大抵ソ連や東欧諸国からやってくることが明らかであったため、イギリスのインテリジェンスを統括する合同情報委員会（JIC）はそちらを注視していればよかったし、政策サイドもその方針に異論を挟まなかった。冷戦期のJICはSISやMI5といった情報機関が主導して運営しており、政策サイドもJICのインテリジェンスには口を挟まないという不文律が存在していた。[175]

しかし冷戦が終結すると、ＪＩＣはソ連という明確な敵を失うこととなり、自らの存在意義を再検討せざるを得なかった。当時のＪＩＣにとって深刻な問題は、冷戦後の世界ではイギリスに対する脅威がどこから、どのような形でやってくるのかが察知し難いということであった。そこでこの問題に対処するため、ＳＩＳはグローバル・イシューを専門に扱う課を設置し、ＪＩＣは政策官庁から多くのメンバーを迎え入れ、そこから各省庁の問題意識や情報要求を把握しようとしたのである。[176] これらの政策官庁としては外務省、大蔵省、内務省、貿易産業省、海外開発省、保健省等が挙げられ、さらには官邸サイドの意向もより重視されるようになっていった。

このように冷戦終結以降、イギリスのインテリジェンスが根源的に抱えてきた問題の一つは、官邸や政策サイドとの距離間にあったとされる。ＪＩＣが情報の顧客となる政治家や政策官庁に配慮し過ぎると、政治家に聞こえの良い情報しか伝えなくなってしまうが、かといってＪＩＣが独自の情勢判断のみにこだわると、時として政治家はＪＩＣの情報があまり役に立たないものであると判断し、その存在自体が問われてしまう。冷戦終結後、ＪＩＣは政策サイドとの距離を詰めていったが、このような政策重視の姿勢はやはりイラク問題が顕在化する中で重大な問題を引き起こすことになる。

既に述べてきたように、「四五分情報」の出所はイラクのタクシー運転手であった。この運転手は二年以上前に客として同乗していたイラク軍の高官同士の会話からこの情報を得、それをSISに提供したようである。その内容は極めて曖昧なものであったが、ロンドンからどんな些細な情報でも報告するようプレッシャーをかけられていた現地職員は、不確実情報としてこの証言をロンドンへ報告した。その後、この情報がJICで検討される過程で不確定さは徐々に失われ、秘密情報部（SIS）筋からの情報として「イラクが何らかの兵器を四五分以内に配備することが可能である」といったニュアンスを帯びることになっていく。

そして最終的によりドラスティックな情報を求めていた当時のブレア首相の側近、アラステア・キャンベル報道担当補佐官がJICに対して無言の圧力をかけたとされており、その結果、文書の内容は「四五分内に大量破壊兵器の配備が可能」というようなものに書き換えられてしまったのである。この政策サイドからの圧力に対して、リチャード・ディアラヴSIS長官らは抵抗を試みたが、結局は官邸サイドに押し切られる形となった。これは九〇年代以降にインテリジェンスが政策側に配慮しすぎるようになった帰結であったといえるのかもしれない。

イラク戦争の後、英米両国でこのような情報の失敗が検討され、政策と情報の関係、特に両者間の距離の問題について検討された。既に述べてきたように、アメリカでは国家情報長官（DNI）が新設され、それまで中央情報官の役割を担ってきたCIA長官は政策サイドから距離を置き、CIAのインテリジェンス業務のみを管轄するようになった。イギリスではJIC議長が政治家に押し切られないようそのポストを格上げし、あまり政策とのかかわりを持たずに情報評価に専念できるような仕組みが整備された。すなわちイラク戦争における失敗から米英のインテリジェンスが得た教訓は、情報と政策の距離が近すぎても好ましくない、ということであり、その改善策として両者の距離をある程度離し、情報機関がインテリジェンス業務に専念できるような制度設計が行われたのである。

しかし政策と情報の距離をただ離すだけでは、インテリジェンスが無視されるという事態が再び起こる可能性があるだろう。そのため米英では制度的に情報と政策を分け、運用面で両者の緊密な意思疎通を図る、という一見相反するような対策が取られている。元々アメリカやイギリスにおいては情報と政策を担当するスタッフは分離されているが、国家安全保障会議（NSC）という国家戦略を検討する場において両者は同じ職場でお互いの意思疎通を図ることができるのである。

CIAのジェイムズ・バリーは、そもそもの問題点が政策と情報間のコミュニケーション不足にあると論じ、両者の関係を円滑にするための具体的な処方箋を提言している。例えば政策サイドの工夫としては、①インテリジェンスに出来ることと出来ないことを知っておく、②インテリジェンスのために時間を割く、③政策サイドの会議に積極的に情報サイドを招いたり、政策部局にインテリジェンス側の人間を配置する、④質問を通じて情報サイドとの対話を活発にする（特に中長期的な課題について）、⑤報告されたインテリジェンスが役に立ったか情報サイドにフィードバックする、といった点が挙げられている。[177]

これらの対策の根底には、政策サイドのインテリジェンスに対する感度を高めておく狙いがあるといえる。トレバートンも国家情報会議副議長時代に「ＣＩＡによる情報分析の専門性には舌を巻くものがあった。そこで政策サイドの同僚に対してもう少しインテリジェンスに目を通すのに時間をかけてみてはどうか。その価値は十分ある、と助言した」という。[178]

これに対して情報サイドの工夫としては、①政策立案、決定過程に対する理解を深める、②どこに情報を伝えれば効果的か知っておく、③日頃から政策サイド、特に政治家との人的関係を深めておく、④政策サイドがどのような情報を欲しているか熟知しておく、⑤利用し易いインテリジェンスを作成すること、等が挙げられる。バリーらの提言によると、情報サイドから見れば政策サイドは唯一のカスタマーであるため（政策サイドから見ればインテリジェンスは選択肢の一つ）、情報サイドが主体的に政策との関係を維持するよう努めなければならないのである。

このような情報と政策の関係は、日本におけるインテリジェンスの在り方を考える上でも重要である。戦前の陸海軍であれば作戦部門と情報部門は明確に分化されていたが、両者の距離があまりにも離れすぎており、コミュニケーションもほとんどなかった。太平洋戦争という未曾有の状況にあっても、参謀本部の作戦部が情報部長を呼んだのは、インパール作戦直前のたった一度だけだったという。[179]

逆に戦後は同じ省庁の中で政策と情報が混在しており、スタッフも数年ごとに両方を行き来することになる。戦後日本の場合、政策と情報は人事面では未分化な状況が続いており、情報部局と政策部局という組織面では相変わらずお互いの距離が離れたままであった。

これに対して政府はインテリジェンス改革に関する議論を積み重ねており、二〇〇八年二月十四日に日本の内閣官房が発表した方針は、「政策と情報の分離を前提としつつ、政策判断に資する情報の提供を確保するためには、両者の有機的な連接が必要である[180]」と政策と情報の関係についての問題意識を認識しているのである。

また情報サイドが政策決定者に定期的にブリーフィングを行うことは、報告を通じて、情報を政策に活かすプロセスに精通してもらうという副次的な効果もある。[181] 極端に言えば情報サイドが政策サイドにインテリジェンスの利用の仕方を「教育」するのである。インテリジェンスの利用の仕方とまではいかなくとも、政策を左右するような決定的なインテリジェンスなど現実的ではなく、また将来予測の的中率もそう高くないという現実を理解してもらえば、政策サイドはインテリジェンスに過度な期待を持たなくなるであろう。

そして究極的にインテリジェンスの信頼性を担保するものは、その正確さにあると考えられる。そのため情報サイドは政策サイドに多少無視されるようなことがあっても、客観的で正確な情報を上げ続ける必要があるといえる。元CIAのデニス・ゴームリーは、情報収集と分析能力の向上、すなわちインテリジェンスそのものの質を高めることが解決策であると明快に論じた[182]。

以上見てきたように、政策と情報の適度な距離というのは厄介な問題である。両者の間が遠すぎるとインテリジェンスが無視され、近すぎるとインテリジェンスが政治化されるという危険を常に孕んでいる。リチャード・ベッツはこの問題に対する決定的な処方箋などはなく、政策と情報の距離については状況によってうまく対処するべきであると説く。またイギリスのJIC議長を務めたパーシー・クラドックによると、情報と政策の関係は木賃宿のドア一枚ぐらいを隔てているぐらいを理想とするらしい。その意味するところは、情報と政策が同居するでもなく、かといって完全に分離されてもいない状況が最適の距離間だということである[183]。

この問題は既にアメリカの著名なジャーナリスト、ウォルター・リップマンが論じた古くて新しい課題であるが[184]、これに対する解決策は「お互いの距離を適度に保つこと」と「インテリジェンスの質を上げること」ぐらいしかない。すなわち情報と政策は近すぎても離れすぎていても上手く機能しないのである。

第5章　情報保全とカウンター・インテリジェンス

1　なぜ保全するのか

これまで情報組織がいかに「情報」を扱うかについて述べてきたが、既述したように情報機関は国家の「秘密」を扱う。政府組織が秘密を扱うのは、その漏洩によって国益に損害を及ぼさないようにするためであり、究極的には国民の安全や利益を守るためでもある。もし政府が管理している核兵器の設計図やウィルスに関するデータが漏洩し、それらがテロリストの手に渡った場合、危険な事態になることは想像に難くない。

オーストラリア国家保安情報局（ＡＳＩＯ）によると、国の保安（Security）事項にあたるのは、スパイ行為、オーストラリア国土への脅威、政治的反体制活動、特定のグループに対する暴力活動、国防システムへの攻撃、外国政府による違法行為となっている。[185]

他方、国家の秘密に懐疑的な人々は、国が国民から不都合な真実を隠すために秘密を封印している、と声高に指摘する。ケネディ大統領の暗殺に関わる真実や、ＵＦＯの飛来に関する話など、そのような話は枚挙に暇がないが、基本的にあらゆる国の情報は開示されるべきものなのである。しかし個人のプライバシーに関わる情報や、国の安全保障や外交に関わる情報、または最先端の研究データなどはすぐに開示するわけにはいかないため、まずは秘密として取り扱われることになるが、これらの情報も原則的には時間が経てばいずれ公開されることになる。

民間の産業技術情報であっても事情は変わらない。漏洩すれば企業が莫大な損害を被るだけでなく、その技術が軍事に転用される恐れもあるため保全しないといけないが、日本ではこの種の問題に対する一般の認識は低いようである。アメリカ・セキュリティ産業学会の調査結果によると、アメリカ本社の企業は一九九七年だけで三〇〇〇億ドル相当の知的所有権を外国スパイに奪われたと推定しており、同年の推定値は四三五〇億ドルとされている。[186]また二〇〇九年度にはドイツが中国によって被った産業スパイの被害は五三〇億ユーロ、約三万人分の雇用に匹敵すると報告されている。[187]

このように近年、欧米諸国にとって中国によるインテリジェンス活動の被害は深刻に捉えられており、その活動は従来のスパイ活動だけではなく、ネットでの不正アクセスやウイルスの問題としても顕在化している。二〇〇九年にはグーグル社に対して中国からとされるサイバー攻撃が報道されているし、イギリス保安部（ＭＩ５）は英国企業に対して中国によるサイバー攻撃の危険性を警告した。[188]ちなみにアメリカにおいて中国が欲した情報は、情報システムに関する技術が二三％、レーザー・工学が一一％、航空が一〇％ということである。[189]

戦後日本は長らく「スパイ天国」と揶揄されており、冷戦後も実はその構図はあまり変化していない。その理由は日本にスパイを取り締まるスパイ防止法の類が存在せず、国内で何らかの違法行為を行わない限りスパイというだけでは逮捕できないためである。また日本は国家秘密を規定し、それを遵守するための法律や制度が未整備の状態である。

一九七〇年代後半に日本で活動していた元ソ連国家保安委員会（ＫＧＢ）のスタニスラフ・レフチェンコはその回顧録の中で、「日本にとっては、『スパイ防止法』の立法が絶対に必要だ、と私は考える。日本は外国スパイの侵入と政府の転覆計画から自国を守ろうとしない、自由世界で唯一の国なのである。ソ連スパイの侵入を効果的に防ぐようになるまでは、日本は本当の意味で信頼の置ける自由世界の同盟国にはなりえないのだ」とＫＧＢオフィサーですら日本の危うい情況に警鐘を鳴らしていた。[190]

二〇〇七年までに日本で摘発された外事事件だけでもソ連に関わるものが二六件、中国に関わるものが五件、北朝鮮に関わるものが五一件、大量破壊兵器関連物資に関わる不正輸出事件が二一件もある。[191] これでも氷山の一角である可能性が高い。最近では特に中国がらみの事件が頻発しており、警察庁は「中国は、日本においても、先端科学技術保有企業、防衛関連企業、研究機関等に技術者、研究者、留学生等を派遣するなどして、長期間にわたって、巧妙かつ多様な手段で情報収集活動を行っているとみられます」と警告を発している。[192]

情報保全とは、秘密を守るためにはまず手続きや制度面によって漏洩を防ぐことである。これは秘密にアクセスできる人数を制限することや、情報を勝手に持ち出した場合の罰則規定を定めておくことで、秘密情報の流動性をコントロールしようとするものである。もちろん秘密情報が誰の目にも触れないよう金庫に保管しておくことが一番安全だが、これは情報利用という面から見れば好ましくない選択である。

これまで述べてきたように、情報機関は様々な手段を使って相手国の秘密を得ようとするため、上記のような情報保全だけでは秘密を守れないかもしれない。そのため相手のインテリジェンス組織に対して、組織として対抗（カウンター）する必要性が生じてくる。これがアメリカの連邦捜査局（ＦＢＩ）やＭＩ５といった組織が行うカウンター・インテリジェンス（防諜）であり、これは国外からのインテリジェンス活動や脅威に国家が対処することであると言える。基本的に国家であれば、カウンター・インテリジェンス機構が備わっているのが普通であり、それは軍隊を持たないコスタリカのような国でも例外ではない。

カウンター・インテリジェンスは、インテリジェンス組織との連携や情報共有によってより高いレベルのインテリジェンス活動を可能にする。インテリジェンス組織は防諜・保安組織のチェックを受けることで情報漏洩のリスクを管理できるし、防諜・保安組織はインテリジェンス組織の活動から、外国のインテリジェンス組織がどのような活動を行うのかを想定できるようになる。

インテリジェンスの世界にあっては、友好国や同盟国であってもお互いの腹の探り合いは避けられない。イスラエルは最重要同盟国であるアメリカでスパイ活動を行い、それが露見して問題となった。アメリカ・イスラエル間にはお互いスパイ行為を行わないという取り決めまであったにもかかわらず、今でもアメリカ国内で活動しているスパイがいるという[193]。

またFBIから見れば、アメリカにおける日本やフランス、イスラエルの組織の活動は未だ監視対象である。これら冷徹な事実から導き出されるのは、仮想敵国の有無に関わらず、国際社会が存在する以上、国家におけるカウンター・インテリジェンスの機能は必要不可欠だということなのである。

2　情報保全

秘密と法

二〇一〇年、ウィキリークスによるネット上での情報開示が世界中の話題をさらった。

また同年十一月、海上保安庁の職員がユーチューブのサイトに海上保安庁の巡視船と中国の漁船の衝突を撮影したビデオを流出させたことは、大きな話題となった。情報源が内部からのリークであったこれらの事案の場合、秘密情報が漏れないような制度を導入すれば良いことになる。

かつてイスラエルのモサドは長官の顔写真が掲載された新聞を買い占めようとしたが、ネットの場合、一度掲載されてしまったらそれを完全に削除することはほぼ不可能である。また一個人であっても既存のメディアを通さず、直接アップロードできるようになったことで、情報漏洩へのハードルも低くなったといえる。

このような時代にあっては、国や情報組織は情報保全を重視せざるを得ない。情報保全のためには、①法律や機密指定区分による規制、②セキュリティ・クリアランスや物理的な情報管理といった制度的規制方法があるが、まずは国家にとっての「秘密」の概念を整理しておく必要があろう。

広辞苑によると機密とは「政治・軍事上の最も大切な秘密の事項」である。アメリカは機密（Top Secret）を「漏洩した場合、国家の安全保障や国際関係に甚大な被害を与えるような情報」とし、イギリスも「英国、または友好国の安全保障や治安に損害を与えるような情報、人命にかかわる情報、国際関係に影響を与えるような情報、英国に長期的な経済上の損害を与える情報」と定義している。[194]

日本では戦前の国防保安法によって、「国家機密とは国防上外国に対し秘匿することを要する外交、財政、経済其の他に関する重要なる国務に係る事項」と定義されていたが戦後この法律は廃棄され、現在では国家機密の確固たる定義は存在していない。そのため何が秘密で何が秘密でないのか、といった問題が起こりやすい。

例えば海上保安庁の流出映像に関して、政府は映像を秘密の一種と捉えていたようだが、国交大臣が映像の徹底管理を指示するまでの一か月間は秘密指定されず、その後も一部の国会議員に映像が公開されているので、映像が国家の秘密として取り扱われていたとは言い難い。さらに海上保安庁の職員であれば部内で映像を閲覧することもできた。漏洩させた海上保安庁の職員もこのビデオが「秘密」であるとは認識していなかったようであり、共同通信による世論調査でも、八一％がビデオは秘密でないと答えている。

このような秘密の定義の難しさは、日本が形式（指定）秘よりも実質秘を重視しているからである。形式秘とは「秘」の印が押されたものが秘密にあたるという考え方であり、欧米でもこの方式で秘密が取り扱われている。

日本では戦前から実質秘（自然秘）という考え方があり、これは「秘」の印の有無に関わらず、誰が見てもそれが国家機密にあたるものは秘密であるとする考え方である。戦前の国防保安法は自然秘について、「誰が見ても、自然に見て、作為しない前に其の秘密其のものが客観的に存在をして居る、それだから、是は国家の機密であるかどうかと云うことを大臣が告示すると云うような、其の手続をする前に、既に国家の極めて秘密なるものが存在して居るのであるから、之を自然秘と言うのである」と定義しているが、国家機密を明確に定めて分類しなかったこの法律の運用は問題も多かった。[195]

　例えば仮に一般市民が機密事項の記載された書類をたまたま拾ったとしても、「秘」の印がない場合はそれが秘密とわからない。しかし理論上、その書類を他人に見せた場合、機密漏洩が成り立ってしまう。また機密法がなかった時代に流通していた飛行場や港湾施設など要衝の地図が、機密法が施行された後には機密となってしまうわけだが、一般市民はよほどの事情通でもない限りはわからないであろう。そもそもの原因は、国防保安法は太平洋戦争直前の一九四一年に公布された法律であり、急いで制定されたことは否めず、そのため何が国家機密にあたるのか、また実際の運用をどうするのか十分に議論されなかったのである。

　何が秘密であるのか、というのは現場の軍人や役人にとっても難しく、微妙な問題を孕んでいた。資料の残っている一九三七年の一年間だけでも陸海軍の漏洩事案は三五七件にも上っており、ほぼ一日に一度は漏洩が起こっていたことになる。[196]しかしその漏洩事案の多くは、軍人、特に将校同士でお互いの部隊の装備や編成について話していたことや、文書を誤って捨てていたことなど、厳格な法の運用によってこのような日常のミスまでもがカウントされていたのである。

戦後、同法は廃棄され、日本から法律上の秘密はなくなった。その後一九五四年に日米相互防衛援助協定（MSA協定）に伴う秘密保護法令（MDA法）が制定される際に「秘密とは何か」が再び国会で議論されたのである。この時は戦前の反省を踏まえ、実質秘と「秘」の印による秘密区分が導入されている。[197] MDA法はアメリカから提供される軍事情報を想定していたため、秘密の定義は詳細に決められたのである。

しかし本法はあくまでも「アメリカから提供された軍事機密」に関わるものであり、日本の国家秘密に関しては規定がないままであった。軍事上の秘密に関しては自衛隊法による防衛秘密（第九六条の二）が規定されているが、その他の秘密事項に関しては、国家公務員法第一〇〇条一項に「職員は、職務上知ることのできた秘密を漏らしてはならない」とあるだけである。

その後、一九六五年四月十五日の事務次官等会議申合せで、「極秘」を秘密保全の必要が高く、その漏洩が国の安全、利益に損害を与えるおそれのあるもの、「秘」を極秘につぐ程度の秘密であって、関係者以外には知らせてはならないもの、と定めている。また一九七二年の西山事件（外務省機密漏洩事件）を受け、今度は司法の場で秘密について議論されることになったが、一九七八年の最高裁決定によると「秘密とは非公知の事実であって、実質的にもそれを秘密として保護するに値すると認められるものをいう」として、実質秘（戦前の自然秘）の考え方が主流となったのである。

実質秘主義であっても形式秘は存在しており、実際の運営となると何が秘密で何が秘密でないのかという戦前の議論を再び繰り返さないといけなくなる。陸海軍がほとんどの秘密を規定できた戦前とは異なり、現在では政治外交、安全保障から経済、金融、産業情報まで秘密にかかわる情報が多種多様化している状況では、各省庁が秘密に関して統一した見解を示すことは極めて困難となっている。

しかし何が日本の秘密にあたるのか定義しないことには、国家が守るべき秘密が存在しないことになるし、また海上保安庁のビデオ流出問題に見られるように、事案が生じる度に秘密にあたるのかどうか議論されなければならなくなる。さらに各省庁がそれぞれの判断で秘密を運用していると、省庁間での情報共有が進まなくなる問題が生じる。

欧米では一般に形式（指定）秘を取ることが多いが、本当の秘密を隠すためにより多くの秘密を指定してしまうこと、また情報漏洩のリスクを考慮すれば、秘匿度の低い情報であってもとりあえず秘密指定しておく傾向があるため、秘密の数が膨大に膨れ上がってしまうという弊害が生じている。現在、アメリカだけでも年間一八万件もの秘密が指定されており、この一〇年間で倍増したとも言われている。かつてベトナム戦争に関わる国家機密漏洩（ペンタゴン・ペーパーズ）の一件に関わったポッター・スチュワート連邦最高裁判事が「全てが秘密ならば、何も秘密はなくなる」と喝破したように、秘密文書の急激な増大によって何が本当の秘密なのか区別が付き難くなっているのである。[198]

図８　我が国の秘密と法

秘密の種類（根拠法）	漏洩の際の罰則
防衛秘密（自衛隊法）	５年以下の懲役
極秘、秘密（国家公務員法）	1年以下の懲役、または50万円以下の罰金
衛星秘・特別管理秘密（国家公務員法）	1年以下の懲役、または50万円以下の罰金（国家公務員法の適用）
特別防衛秘密（MDA法）	10年以下、または５年以下の懲役

またアメリカやイギリスでは国家の秘密を、機密（Top Secret）、極秘（Secret）、秘（Confidential）に区分して取り扱っている。この中では機密が最も秘匿度が高く、その定義は、「国家安全保障に重大な損害を与えるもの」、とされている。このように秘密を区分するのは、個人がすべての情報を知り得ないようにするためであり、情報を知る必要性（need to know）の原則によって必要な情報のみが、情報の必要なスタッフに提示される。

日本でも防衛省・自衛隊は自衛隊法が適用される「防衛秘」、「秘」、その他省庁も国家公務員法が適用される「極秘」、「秘」といった秘密区分を用いている。また二〇〇八年四月一日から導入されている「特別管理秘密（特管秘）」や情報収集衛星に関する「衛星秘密」に関しては法律上の規定はないが、これらを漏洩した場合、国家公務員法の守秘義務違反が適用されるものと考えられる。そして米軍から提供された軍事機密を示す「特別防衛秘密」にはMDA法の罰則が適用されることになる。

秘密に関わる罰則の規定に関しては、国家公務員の守秘義務違反（第一〇〇条一項）が懲役一年以下、自衛隊法の防衛秘密漏洩（第一二二条）が懲役五年以下と規定されている。しかし日米相互防衛援助協定（MSA協定）に伴う秘密保護法令（MDA法）で規定された米軍の機密を漏洩した場合は懲役一〇年以下となるため、法律では現状、日本の軍事機密漏洩よりもアメリカの軍事機密漏洩の方が重罪となってしまう。これはMDA法を締結する際にアメリカ側の法律に準拠したためである。

多くの国では外国への機密漏洩は別に規定されている。アメリカのスパイ防止法であれば、意図的な機密漏洩は死刑、または無期懲役となっているし、イギリスでは秘密保護法（OSA）によって外国への機密漏洩は一四年以下の懲役、ドイツでは無期または五年以上の懲役、フランスでは一五年以下の懲役となっている。しかもこれら罰則は加重主義であるため、スパイ罪はかなりの重罪となることが多い。

例えばイギリス政府通信本部（GCHQ）のジェフリー・プライムは、わずか八〇〇ポンドでアメリカから提供された秘密をソ連に売り渡した。プライムはその後インテリジェンスの世界から身を引き、何食わぬ顔でタクシー運転手に転職したが、一九八二年十一月に近所の小児に手を出して逮捕され、過去のスパイ行為が暴かれたのである。性犯罪だけなら三年の刑期であったが、それに機密漏洩罪などが加えられ、合計三八年の懲役に処されてしまっている。

日本でも一九八五年の中曾根政権時代にスパイ防止法案が議論されたが、極刑若しくは無期という重い罰則が検討されていたことや、報道の自由などへの配慮から廃案となった。その後二〇一一年八月八日、秘密保全のための法制の在り方に関する有識者会議が「秘密保全のための法制の在り方について」報告書を政府に提出している。本報告書では指定行為による「特別秘密」の制度を導入すること、また漏洩による罰則は懲役五年、または一〇年を目途としている。[199]

クリアランス制度

国家機密が指定されているほとんどの国においては、秘密の区分とそれに対応する秘密を扱う制度も備わっている。その代表的なものがセキュリティ・クリアランス制度であり、これは一種の「秘密情報取扱資格」であるといえる。一九九三年のデータでは、アメリカ連邦職員、契約企業の社員でセキュリティ・クリアランスを有する人数は、三二一万人にも達する。[200] クリアランスの制度がなければ、情報機関の間で秘密を共有することが難しくなるし、また立法府、つまり議員が秘密に触れることもできなくなるので、議会によるインテリジェンスの監視も難しくなる。すなわち、セキュリティ・クリアランスはインテリジェンスの世界において、秘密を扱うためのインフラ的な制度として必要不可欠なものである。

アレン・ダレスの著作に、クリアランスが未整備だった頃のアメリカのエピソードが以下のように紹介されている。

政府高官が、しばしば一番偉い人が新聞記事をふりかざして、このようなことをいいながら会議に乗り込んでくる。「これを洩らしたのは誰だ。このテーブルを囲んで俺たちグループがこの秘密の決定を下したのはたった二、三日前だったぞ。だのに新聞に全部出ていて、喜ぶのは敵さんだけだ」

(中略) しかるべき時が経過し、調査は次のような結果を出す。漏洩した政府決定は秘密または極秘の通達として関係各省および各庁に配布のため、初めは約十枚写しが作成された。これは厳格な「知る必要のある人にだけ知らせる」方針によった。それから数百の人がこの通達を読んだ。(中略) こんな調査が完了してみると、五〇〇ないし千名が書類を見たり、または、その内容を聞いて人に話したかも知れないということが判明する。

(中略) 調査が打ち切られての結論は、誰かわからない人または人々によって違反が行われたということだ[201]。

このエピソードはたとえ法的根拠を備えた秘密が存在していても、それを適切に取り扱う規則が存在していない場合、組織の中で情報はどんどん拡散するということを物語っている。従って通常、諸外国においては政府職員及び関係業者は規則によって定められた基準をクリアし、個人情報を隠すことなく提出することと引き換えに、秘密情報へのアクセス権を得なければならない。規則に違反して情報を漏洩させた場合、クリアランスは剝奪されることになる。

アメリカではクリアランス制度は法的な後ろ盾があり、一万人にも及ぶ職員によって制度が運営されている。クリアランスの付与条件としてはまず職務上、秘密情報を知る必要性（need to know）があること、秘密情報取扱いに関する専門知識を有していること、そして秘密を扱うのに信頼できる人物であると判断されることである。

そしてクリアランスの付与が検討される際には、個人のプライバシーに関わる情報を提出しなければならない。それらは、①米国への忠誠、②外国からの影響、③外国政府への配慮、④性癖、⑤プライベートの行為、⑥経済状態、⑦アルコール、⑧薬物、⑨精神状態、⑩過去の違反、⑪犯罪歴、⑫職務外活動、⑬情報規則違反等であり[202]、クリアランスは個人情報との交換で得ることができるのである。

またアメリカであればクリアランスは五年ごとに更新され、場合によっては審査に通らないこともあるが、クリアランスを有して機密にアクセスできることは政府組織内では有利に働くし、民間企業であれば資格を有することで年収が五〇〇〇ドルから一万五〇〇〇ドル上がるとも言われている。[203]

イギリスやドイツなどのヨーロッパ諸国でもクリアランス制度は概ねアメリカのものに準じたものとなっている。もし各国のクリアランス制度が大幅に異なっていれば、インテリジェンス組織間で国際的に情報を共有することが困難になるであろう。また議員に関しては各国で運用が異なるが、基本的に議員にはクリアランスが適用されていない。これは議員が直接国の秘密に触れることが想定されていないためである。

日本の場合、戦後長らく秘密の定義が曖昧であったため、それを扱うクリアランス制度も存在しなかったが、運用上の問題もあった。例えばアメリカの軍事機密がＭＳＡ協定によって日本に提供された場合、日本側はアメリカでの取り扱いに準じた扱いを要求される。防衛省・自衛隊であれば、部内の手続きによってそれが可能であろうが、もしイージス艦情報のようなものが漏洩し、それが刑事事件として扱われた場合、問題は複雑化する。

刑事事件となった場合、警察が証拠品としてイージス情報を押収してしまう可能性があるが、アメリカから見た場合、セキュリティ・クリアランスを有しない法執行機関が、米軍の秘密にアクセスすることは許容できない。

また裁判となれば日本は裁判公開の原則のため、秘密が公の場に晒される可能性もある。一九八〇年、自衛隊の秘密情報がソ連側に漏洩したとされる宮永（コズロフ）事件が起こった際、宮永元陸将補が漏らしたのは日米間で交換されていた中国関連情報であったとされるが、内容が機微なため公にできないと判断された結果、裁判でその事実は伏せられ、陸自の秘密資料である「軍事情報月報」等が漏洩したとされた。[204] このように秘密を扱う制度が整っていない現状では、外形立証によって秘密の内容を裁判に出さないようにするしかないのである。

ただし近年、運用面では日本でも情報の取り扱いに関する制度が整いつつある。一九六五年の、「秘密文書等の取扱いについて」（昭和四十年四月十五日事務次官等会議申合せ）、一九七二年の「秘密文書等の取扱いについて」（昭和四十七年五月二十六日内閣官房内閣参事官室首席内閣参事官通知）以降、表立った秘密取扱いに関する各省庁の合意は不在であったが、二〇〇五年の「政府機関の情報セキュリティ対策のための統一基準」によって、各省庁で統一の機密性表記の基準が導入された。また二〇〇七年の「カウンターインテリジェンス機能の強化に関する」に基づき、二〇〇九年にはセキュリティ・クリアランスの一種である秘密取扱者適格性確認制度が導入されており、そのための教育として秘密保全研修も実施されるようになった。本制度は内閣官房のカウンターインテリジェンス・センターが大まかな指針を作成し、各省庁で運用されている。

ただし本制度は法的な根拠が曖昧なままであり、また民間業者への適用は想定されていない。さらに将来的には本制度の枠外にある裁判官や検察官などの司法関係者、また政治家に対するルール作りも必要になってくるであろう。ただし裁判官の場合は弾劾裁判、議員の場合は議会での発言が保障されている憲法第五十一条等との整合性についても検討しなければならない。

3 カウンター・インテリジェンス

カウンター・インテリジェンス（防諜）

いくら情報保全の制度が整っていても、それだけでは手練手管に長けた各国のインテリジェンス活動から国の秘密を守りきることは難しい。そのような外国の脅威に対処するために、防諜・保安組織は存在している。具体的な組織としてはアメリカの連邦捜査局（FBI）、イギリスの保安部（MI5）、ドイツの連邦憲法擁護庁（BfV）、フランスの国内中央情報局（DCRI）、ロシアの連邦保安庁（FSB）、イスラエルの保安庁（シャバク）、そして日本の警察庁公安部、公安調査庁等が挙げられる。

多くの防諜・保安組織は元々警察などの国内治安機構から派生している。MI5の前身はロンドン市警（スコットランド・ヤード）でありFSBの源流は帝政期の秘密警察、オフラーナにまで遡る。これら組織は一九世紀末にヨーロッパを席巻したアナーキスト運動を監視・弾圧してきたが、二〇世紀以降は外国のインテリジェンスに対抗する必要上、防諜・保安組織に発展している。

これら組織は自国内でのカウンター・インテリジェンスや破壊活動のテロ対策を主務としているが、アメリカと日本は今でも法執行機関の一部が担当している（ただしCIAにもカウンター・インテリジェンス部門は存在する）。また自国内といっても厳格に国内と国外を分けているのではなく、MI5であれば旧英連邦内、すなわちインドやカナダでも活動できるし、他の防諜・保安機関も必要があれば外国での情報収集活動を行うため、時には対外情報機関との縄張り争いも生じる。

カウンター・インテリジェンスとは、国家の秘密を守るため国内における外国のインテリジェンス機関の活動を監視し、また自国の政府組織にスパイがいないか調査する組織である。防諜・保安組織が警察などの法執行機関と基本的に異なるのは、その活動が情報収集や監視を通じて自国の秘密を守ること、そして外国インテリジェンスの動向を通じて情報を収集することであり、基本的には警察のような逮捕権は有していない。あくまでも調査、情報収集に特化しているのである。

相手がどのような情報を欲しているかが明らかになれば、それ自体が貴重な情報であるし、また守るべき情報も明らかになる。そのため防諜・保安機関は法執行機関と異なり、スパイを発見してもそれをすぐには拘束せず、しばらく泳がせてその狙いや情報網を解明するような活動も行う。

カウンター・インテリジェンスは旧ソ連や東ドイツのように防諜・保安機関や秘密警察が跋扈し、保全体制が厳格なところであればよく機能する。旧ソ連では赴任してきた外交官はKGBの監視下に置かれ、また外国人と接触しただけでもスパイの嫌疑がかけられたため一般市民も常に緊張下に置かれており、旧ソ連の秘密保全体制は、市民のさまざまな自由の犠牲の上に成り立っていた。

またカウンター・インテリジェンスには、「防御的（Defensive）」と「攻撃的（Offensive）」の二種類の機能があるとされる。戦前の日本陸軍の憲兵隊は「消極的防諜」と「積極的防諜」としてカウンター・インテリジェンスの概念を捉えていた。防御的なカウンター・インテリジェンスは情報保全に近く、外国の情報機関から国家機密を守ることに専念する活動、攻撃的なカウンター・インテリジェンスは、外国の情報機関の活動を確認した上で、それらを泳がせたり、また外国スパイを寝返らせて利用するなどの活動の意味で使われる。

戦後の日本は防御的カウンター・インテリジェンスを重視しており、例えば二〇〇一年五月、入国管理局は成田空港で北朝鮮の金正男と見られる人物を拘束し、その後退去強制処分とした。攻撃的カウンター・インテリジェンスの観点から言えば、この人物を泳がして接触した人物や立ち寄った場所を特定するような作業が必要となる。とはいえカウンター・インテリジェンスの基本はやはり防御的な運用にあるのだろう。

法執行機関とカウンター・インテリジェンス

法執行機関がカウンター・インテリジェンスを担うべきかどうかについては、アメリカのFBIをめぐる多くの議論がある。多くの国の情報機関にとってアメリカは最も優先順位の高いターゲットであり、過去、CIAのオルドリッチ・エイムズやFBIのロバート・ハンセンなど有名なスパイ事案が発覚している。「スパイの年」と言われた一九八五年には、中国スパイ、ラリー・ウータイ・チン（金無怠）、イスラエル・スパイ、ジョナサン・ポラード、そしてソ連側に内通していたジョン・ウォーカー米海軍兵曹長といった大物スパイが次々と逮捕され、いずれにも無期懲役の判決が下されているのである。

また一九七五年から二〇〇八年の間にアメリカで摘発されたスパイ事件は一四一件とも言われており、[205]一九九七年にFBIが把握していただけでも二〇〇人のスパイと八〇〇件の経済関連のスパイ事案が存在している。[206]二〇一〇年にも「美人すぎるスパイ」として世界中で報道されたロシアのスパイ団がアメリカで一斉に検挙されており、一説によると少なくとも世界で九〇か国がアメリカの先端技術を情報収集のターゲットとしているそうである。[207]

なお、スパイを発見する手掛かりとして最も多いのが、外国から政治亡命してきたインテリジェンス・オフィサー（Defector）やスパイからの情報、次いで通信傍受情報、他の情報機関からの情報提供、となっている。[208] また冷戦初期、米英がソ連の暗号を解読して得たヴェノナ情報は、ローゼンバーグ夫妻をはじめとする多くの内通者を特定することができた。ＦＢＩは、ロバート・ランファー特別捜査官をヴェノナの担当に任命し、解読された暗号解読情報を基にソ連側スパイを特定していったのである。[209]

これ程スパイの温床となっているにも関わらず、アメリカでは法執行機関であるＦＢＩがカウンター・インテリジェンスを行っている。ＦＢＩはスパイ防止法や外国諜報活動偵察法に基づいて、「副業」として国内のスパイやテロリストを監視しているが、カウンター・インテリジェンスを行う上で法的、文化的な問題に直面しているとも指摘されている。[210]

アメリカのスパイ防止法の規定によると、外国側のスパイと認定されるためには、「アメリカ合衆国の国益を害する目的で、アメリカの国家安全保障に関する資料を意図的に外国の政府に手渡した」ことが厳格に証明されなければならず、この要件をすべて満たすのは困難とされている。ＦＢＩは一九八九年に国務省欧州局長のフェリックス・ブロッホがソ連側と内通している事実を摑んでおり、ソ連から金銭を受け取ったことを自身も認めたものの、ブロッホが手渡した文書の内容が安全保障に関すると証明できなかったため、スパイ罪で有罪とはならなかった。一九九九年に起訴されたウェンホー・リー（李文和）も似たようなケースである。リーはロスアラモス国立研究所から核兵器に関する機密データを無許可でダウンロードしていたが、ＦＢＩはリーが機密データを中国政府に手渡したことを証明することができず、この件もスパイ罪で立件できなかったのである。

さらに法執行機関であるＦＢＩは令状がないと情報収集活動が行えず、これは令状なしに活動できるＣＩＡのカウンター・インテリジェンス部門や国防省系のインテリジェンス組織と比べると大きなハンデとなっている。そもそもＦＢＩにとってカウンター・インテリジェンスの目的は、スパイを捕まえて訴追することにあるため、情報収集や秘密工作面にはあまり重点が置かれない。近年、インテリジェンス・コミュニティにおけるＦＢＩの存在感は薄まっているとも言われている。

一九七〇年代までは、ＣＩＡ防諜部の責任者であったジェームズ・アングルトンが積極的な部内の「モグラ狩り」を行っており、ＣＩＡが表立ってカウンター・インテリジェンスを行うことも少なくなかった。例えば一九六七年に「ケイオス（混沌）作戦」と呼ばれたアメリカ国内における学生の反戦運動に対する監視活動は、リンドン・ジョンソン大統領からＣＩＡのカウンター・インテリジェンス部門への直々の命で、ＦＢＩの活動とは別に実行されたものであった。[211]

そのため、アメリカではカウンター・インテリジェンスに特化した組織の創設や、ＣＩＡ、ＦＢＩが協力してカウンター・インテリジェンスを行う案などが提案されてきたが、いずれもワシントンにおける官庁間の政治力学と相まって混迷の様相を示している。
カウンター・インテリジェンスの分野でCIAとFBIが協力し始めたのは、一九九〇年代以降の話であるが、この両機関の協力によって初めてCIAの裏切り者、オルドリッチ・エイムズを特定することに成功している。ただしCIAの方が協力には消極的で、その理由は秘密情報がFBIによって裁判に使われる可能性や、FBIが対外情報の分野に進出することへの危惧などが挙げられている。
また元CIAのフレデリック・ウェッタリングは、FBIが機能していないことを指摘しつつ、秘密の概念が、民主主義を理念とするアメリカの国是と合致しないことに加え、「告げ口」を嫌うアメリカの国民性、国民の政府に対する伝統的な不信感、などの文化的、社会的な要因が、アメリカのカウンター・インテリジェンスの発展を阻害していると指摘している。[212]
ワシントンで活動していたポーランド情報将校、パウエル・モナトは、「アメリカはスパイ活動にはお誂え向きの国だ。まあ国家としては秘密保持が中々巧みだが、一番の弱点はアメリカ人の手厚い親切心である」と回想している。[213] しかしアメリカ人が正直でお人よしだからインテリジェンスに向かない、というのは昔から言われてきたステレオ・タイプであり、これがそのままカウンター・インテリジェンス分野の問題に直結するかは熟考を要するであろう。

カナダでも一九七〇年代までカナダ王立騎馬警察（RCMP）がカウンター・インテリジェンス活動を行っていたが、その秘密工作が行き過ぎたため、一九七七年にカウンター・インテリジェンス部門は、カナダ保安情報部（CSIS）として分離・独立した経緯がある。これは法執行機関がインテリジェンス活動をやり出すと、その権限が肥大化していくということを示している。

日本は戦前、特別高等警察や憲兵隊が、国防保安法や軍機保護法、治安維持法などの執行機関として、主に思想犯やコミンテルンの取り締まり、国家機密の保全といったカウンター・インテリジェンス活動を行っており、一九四一年には有名なゾルゲのスパイ組織が検挙されている。また憲兵隊の場合、部隊の機密保持を行う観点から、戦線の拡大に伴って朝鮮半島から中国大陸、東南アジアへと活動の領域を広げていったのである。

戦後は特高や憲兵隊は解体され、一九四八年三月に施行された警察法によって公安警察が、また一九四九年には国内の共産主義活動監視のため公安調査庁が設置されている。現在、警察庁警備局外事情報部が対日有害活動やテロへの対応を主眼に置いた治安維持活動を行っており、公安調査庁も破壊活動防止法に基づいて反社会的団体を監視している。両組織の活動はカウンター・インテリジェンスに該当し、冷戦期は比較的よく機能していた。また一九八五年の共産党幹部宅盗聴事件は公安警察の手によるものとされ、この種の秘密活動も行われていたようである。[214]

日本の場合、法執行機関であり治安維持を主目的とした公安警察と破防法を根拠に情報収集活動を行う公安調査庁が、国際テロや外国のインテリジェンスに対抗する本来の意味でのカウンター・インテリジェンス活動に柔軟に対応できるようになるのかが当面の課題であろう。例えばカウンター・インテリジェンス活動に必須の通信傍受に関して、公安警察は捜査のために裁判所の許可の下で司法傍受を行うことは可能である。にもかかわらず情報収集を目的とした行政傍受に関しては法制度が未整備であるため、現状ではこれを実行することができないのである。

戦略的カウンター・インテリジェンス

通常、カウンター・インテリジェンスはインテリジェンス・サイクルのモデルからは独立したものとして捉えられている。これはカウンター・インテリジェンスの場合、相手のインテリジェンス活動に逐次対処するからであり、どうしても場当たり的なものとなりがちだからである。一応、カウンター・インテリジェンス内部には、脅威の特定（identification）→相手への浸透（penetration）→利用（exploitation）→阻止（interdiction）という流れがあるが、インテリジェンス・サイクルのように政策サイドとの接点はないのが普通である。しかし近年ではカウンター・インテリジェンスも政府の方針の下で行うべきであるとの議論もあり、これは戦略的カウンター・インテリジェンスと呼ばれる。

恐らく戦略的にカウンター・インテリジェンスを実行した例と言えば、第二次世界大戦中のイギリス保安部（MI5）に優るものはないだろう。これは「ダブル・クロス（XX）」と呼ばれた工作であるが、MI5はイギリス国内に潜入してくるドイツ側スパイをシギントによって察知し、捉えていた。そしてMI5はスパイを捉えるだけではなく、スパイをイギリス側に寝返らせてドイツ側に偽情報を流し続けたのである。このような活動は一般的に欺瞞工作と呼ばれている。この作戦を指揮したオクスフォード大学の歴史家、ジョン・マスターマンは、「我々はこの国（イギリス）におけるドイツの情報網を管理、運営している」とまで豪語するに至った。[215]

このダブル・クロスは、これを運用していた第二〇委員会をローマ数字に置き換えたXXと、裏切りを意味する「ダブル・クロス」をかけたものであるが、MI5は最盛期には三〇名を超える二重スパイを同時に運用しており、その中には「トライシクル」（ドゥシュコ・ポポフ）や「ガルボ」（ファン・プホル・ガルシア）のような伝説的なスパイも含まれており、彼らは枢軸側から完全に信頼されていた。これら二重スパイは他のドイツ側スパイの動静や暗号情報、またドイツ側の最高機密であったマイクロ・ドットの情報をMI5にもたらしている。マイクロ・ドットは情報を記したマイクロ・フィルムを極小化したものので、手紙の文面にこっそり貼り付けておけばまずわからないという代物であった。

また一九四四年九月、ロンドンに打ち込まれたV－1ミサイルの着弾地点を調査していたイギリス空軍の科学分析官、R・V・ジョーンズは、ミサイルがロンドンの重要拠点から微妙に外れた地点に着弾していることに着目し、ドイツ軍はロンドンの詳細な地図を持っていないという結論を導き出した[216]。ジョーンズはダブル・クロス委員会のメンバーでもあったため、二重スパイを通じてミサイルが的確にロンドンの軍事目標を爆撃しているという偽情報を流させたのである。こうしてV-1ミサイルの着弾地点は次々と外れていくことになった。ダブル・クロスは情報操作のみでドイツの最新兵器をも上手く無効化していったのである。

さらに二重スパイによる欺瞞工作は、第二次世界大戦の趨勢を決定づけた史上最大の作戦、ノルマンディー上陸作戦にも貢献している。ダブル・クロスの活動によって情報が錯綜した結果、ドイツ側は連合軍の上陸地点を一か所に絞ることができなくなったのである。ただしこのダブル・クロス作戦はエニグマ暗号の解読というシギントがあってはじめて成立するものであった。このようなMI5の活動は、カウンター・インテリジェンスが消極的に味方の機密を守るだけではなく、時には積極的な手段で予測される脅威を取り除くという発想の下で運用されていた事例である。

ではなぜダブル・クロス委員会はこのような数々の作戦を成功させることができたのであろうか。委員会でこの作戦を指揮していたマスターマンは一九四〇年十一月にMI5に配属されているが、彼はそれまでカウンター・インテリジェンスとは無縁であり、いわば素人であった。[217] クリケットの名手で、そこからダブル・クロスの着想を得ていたとも言われるマスターマンの真の才覚は、MI5の活動にSISや暗号解読組織GC&CSを上手くダブル・クロス作戦に巻き込んだことにある。この作戦にはシギントが不可欠であり、ドイツ側に流す偽情報が他のインテリジェンス組織のものと矛盾しないよう配慮しなければならず、さらにイギリスの大戦略のためどの機密を守るべきかを明確にする必要があったため、各組織の協力が必要となったのである。

すなわち、マスターマンによるカウンター・インテリジェンス活動は、MI5で完結するものではなく、イギリスのインテリジェンス・コミュニティ全体の協力体制を念頭に置いていたということである。第二〇委員会は上部組織を通じてチャーチル首相まで繋がっていたため、ダブル・クロス作戦は首相のリーダーシップの下で「戦略的」に練られたカウンター・インテリジェンスであったということができる。

既述したようにカウンター・インテリジェンス活動は、個々のスパイや情報漏洩を追うことが多く、場当たり的かつ蛸壺的な調査になり易い。また構造的な問題として、カウンター・インテリジェンスの過程では、カスタマーが存在し難いのである。インテリジェンス・プロセスにあってはこれまで述べてきたように、政策決定者や軍上層部から、「この政策（作戦）を遂行するためにこういった情報が欲しい」というリクワイアメントが生じるわけであるが、カウンター・インテリジェンスであればせいぜい情報機関から職員に対する身元調査などの要請しかなく、その結果、カウンター・インテリジェンス組織は独自の観点から調査を進めざるを得ない。

このようなやり方では、防諜・保安組織間で調査の重複が生じ、MI5が行ったダブル・クロス作戦には程遠いものとなる。そこでカウンター・インテリジェンスにもインテリジェンスのようなプロセスを導入し、戦略的なカウンター・インテリジェンスが検討されるようになりつつある。

アメリカにおける戦略的カウンター・インテリジェンスの事例としては、一九八一年のフェアウェル事件が引き合いに出される。一九七〇年代の米ソ間のデタントによって、ニクソン政権はソ連との友好的ムードを維持するため、アメリカ国内のソ連国家保安委員会(KGB)の活動に対しては大らかな姿勢を貫いていた。そのため、七〇年代後半にはアメリカの技術情報がソ連側に大量流出し、米軍のソ連軍に対する質的優位は揺らぎつつあった。その後一九八一年、フランスの対外情報機関が「フェアウェル」と呼ばれていたソ連国家保安委員会(KGB)のウラジミール・ヴェトロフ大佐から、アメリカ国内におけるKGBの活動の証拠を入手し、ミッテラン大統領を通じてレーガン大統領に伝えられたのである。

この情報を知らされた対ソ強硬論者のレーガン大統領は、アメリカ国内におけるKGBの実情に驚き、各カウンター・インテリジェンス機関に徹底的な取り締まりを命じたのである。[218]フェアウェル事件は、ホワイトハウスがカウンター・インテリジェンスに関する方針を明確に打ち出した数少ない事例であるが、このような戦略的なカウンター・インテリジェンス運用が理想とされている。

アメリカでは二〇〇二年のカウンター・インテリジェンス強化法によって、国家カウンター・インテリジェンス局（NCIX）が設置され、それまでFBIやCIAで個別に行われてきたカウンター・インテリジェンスを国家情報長官（DNI）の下で統括し、戦略的なカウンター・インテリジェンスの運用が始まっている。すなわちNCIXはダブル・クロス作戦でいうところの第二〇委員会にあたるわけである。

戦略的カウンター・インテリジェンスの要諦は、各インテリジェンス組織からの情報を総合的に検討し、「何を守るべきなのか」を明確化してそれを現場にフィードバックすることである。NCIXの制度はまだ日も浅く、十分機能しているかどうかはさらなる検討を要するであろう。

日本でも二〇〇八年四月、内閣情報調査室にカウンターインテリジェンス・センターが設置され、内閣官房が中心となって政府全体のカウンター・インテリジェンスの指針を作成している。

第6章　秘密工作

1　秘密工作とは

これまでインテリジェンスについて「情報を取り扱う」側面のみから考慮してきたが、よく知られているようにインテリジェンスは「暗」の側面、すなわち秘密工作（Covert operation）の機能も持ち合わせていることも忘れてはならない。秘密工作は外交以上、戦争未満の第三の手段として実行される。情報機関は、プロパガンダに始まり、ハニートラップ、政治工作、暗殺、クーデター、準軍事作戦と様々なオプションを政治指導者の許可を得て実行に移すのである。

多くの民主主義国家においては、情報組織が国内で自国民を対象とした秘密工作を行うことを禁じているが、海外となると明確な禁止規定はあまり定められていないため、秘密工作の類は海外で実行されることが多い。情報機関は「自国の法は遵守するが他国の法はその限りではない」という前提で海外での秘密工作を行う。それに対して各国政府は外国の情報機関が自国内で秘密工作を行うことを防ぐため、大抵はスパイ防止法のようなものを設定している。アメリカでは政府に登録されていない外国政府の人員が活動することを法律によって制限している。二〇一〇年七月に世間をにぎわせた「美人すぎるロシアスパイ」こと、アンナ・チャップマンはこの法律に抵触したとしてＦＢＩに逮捕された。

元国防情報局（ＤＩＡ）の情報分析官アブラム・シャルスキーは、情報組織が他の政府組織と決定的に異なる点は、情報組織が「秘密」を扱っている点にあるという。[219]他の政府組織、例えば外交機関や警察組織も秘密を取り扱ってはいるが、情報組織の場合、秘密を取り扱うことが主務の一つである点が異なるのである。

さらには同じく国際情勢を分析するシンクタンクや大学の研究機関と比較しても、情報組織は国の秘密情報にアクセスできるという点で異なる。そのため秘密なしには情報機関は成り立たない。この考えを拡大解釈すれば、情報機関が秘密工作に関わることも理解できる。アメリカではこの種の秘密活動は、一九九一年のインテリジェンス授権法によって明確に定義されており、この範囲であればＣＩＡは大統領の承認を経て海外で秘密活動を行うことができるのである。[220]

しかしこのような制度は建前であるとも指摘される。例えば一九八五年のイラン＝コントラ事件のように極めて曖昧な秘密工作も存在していた。この工作は、イランに対する武器禁輸原則とニカラグア内戦への干渉を禁止した米議会の決定の両方を破って行われた工作であった。厳密に言えばCIAはルールを破るリスクを回避するために、NSCスタッフのオリバー・ノース海兵隊中佐とイスラエル首相補佐官、アミラム・ニールに工作を任せたのである。

本件はレーガン大統領の口頭指示（事後に認定書が作成された）によって実行されていたというが、真相は今もうやむやになったままである。本件の全貌を把握していたウィリアム・ケイシーCIA長官は事件が発覚し、議会の証言台に立つ直前に癌で亡くなり、本件の詳細をマスコミに暴露しようとしたニールも一九八六年に「偶然の」事故でこの世を去った。

情報組織とは国益を唯一の指針として行動しなければならない。インテリジェンスの世界にあっては個人的な倫理観よりも国益が優先する。情報組織が秘密工作や暗殺などを時に厭わないのはそのためだ。旧ソ連のチェーカーや国家保安委員会（KGB）、日本陸軍の特務機関、東ドイツのシュタージなどは常に謀略と結び付けられてきた。また大韓民国中央情報部（KCIA）も一九七三年の金大中事件や七九年の朴正熙暗殺事件を引き起こしてきた。二一世紀になってもロシアのFSBやイスラエルのモサドは、リトビネンコ暗殺事件やマブフーフ暗殺事件等で世界中のマスコミに話題を提供しているのである。

欧米の情報機関も過去に様々な秘密工作を行った。例えば第二次大戦後、SISはヨーロッパ在住のユダヤ人がパレスチナに移民することを阻止するために、彼らの輸送船を徹底的に爆破し、フランスの対外情報機関ＤＧＳＥはニュージーランドにおいて、フランスの核実験に対する抗議活動を行っていたグリーンピースのレインボー・ウォーリア号を爆破したのである。[221]

政治指導者から見れば、秘密工作は時として魅力的に映る。世論動向を気にする政治家は、もし秘密裏に国際問題を処理できるのであれば、戦争など表立った政策を取るよりはリスクが少なく、任期内で短期的な結果も出すことができると考えよう。

他方、情報機関にとっても秘密工作は腕の見せ所となるかもしれない。だが失敗する可能性も無視できない。政治家から実現可能性の薄い秘密工作を命じられると、情報機関は難しい立場に立たされることになる。もし情報機関が秘密工作に失敗した場合、そこに投入された労力や資金が無駄になるだけではなく、後に議会など立法府からの調査を覚悟しなければならなくなる。さらに事が公になると政治家の責任問題にも発展しかねないため、政策決定者、情報機関双方にとって秘密工作は諸刃の剣であるということができる。

2 プロパガンダ

政治家や情報機関にとって最もリスクとコストの低い工作はプロパガンダ（宣伝）であろう。プロパガンダ自体は古代ローマ時代から行われてきた歴史を持つが、現代的な意味のプロパガンダは第一次大戦で連合国側が効果的に利用したものである。これは偽情報などを用いて敵を混乱させる意味で「ブラック・プロパガンダ」と呼ばれる。

その後、ナチス・ドイツのヨーゼフ・ゲッペルス宣伝相や「赤いゲッペルス」ことヴィリー・ミュンツェンベルクらが、極めて巧妙なプロパガンダ工作を実行したのである。これに対してSISもイギリス国内で「ジノヴィエフ書簡」と呼ばれる怪文書をでっち上げ、総選挙直前の英共産党と労働党にダメージを与えた。

中国大陸においては、日本側特務機関の秘密工作に対抗して、中国はプロパガンダによって事態を打開しようとし、それに成功したといえる。その端的な例は、一九三〇年代に流布された「田中上奏文」であろう。現在、この文書は偽物であり、中国側はそれを知りつつもプロパガンダのために流通させたという説が濃厚となっている。[222]

KGBのプロパガンダはさもありそうな出所不明の話を用いるので、時に「グレイ・プロパガンダ」とも呼ばれる。例えば一九六〇年代にKGBは息のかかったジャーナリストを使って、ケネディ大統領暗殺はCIAが仕組んだと流布した。[223]これはかなりの影響力があったようであるが、真実は確かめようがない。

これに対してCIAが行ったプロパガンダは主に「真実を効果的に」宣伝するやり方であった。これは嘘をついて真実が明らかになった時のリスクを考えれば当然であるし、冷戦期のアメリカであればその国力や生活水準は十分プロパガンダに値する内容であった。

「ボイス・オブ・アメリカ」のようなラジオやハリウッド映画を通じて、アメリカは日常生活から宇宙開発に至るまでその国力を誇示すべく大規模な宣伝を行った。これは真実を宣伝していたので「ホワイト・プロパガンダ」と呼ばれている。ホワイト・プロパガンダであればリスクは低いので、各国情報機関は恒常的にこれを実施していると考えられる。

3　暗殺

暗殺は古代エジプトや中国などで多くの記録が残されているほど伝統的な手段ではあるが、現代ではかなりリスクの高い工作である。アメリカでは一九七六年にフォード大統領が大統領令第一一九〇五号を発令して政治家の暗殺を厳禁とし、その後レーガン大統領もあらゆる種類の暗殺行為を禁止しているが、クリントン大統領はアルカイダのリーダー、ウサマ・ビン＝ラディンの殺害を許可し、[224]二〇一一年五月二日には処刑が実行された。これは暗殺（assassination）ではなく、テロリストなど特定人物の殺害（targeted killing）であるという強引な論法であるが、アメリカでは今も大統領の許可があれば海外での暗殺は可能なようである。

第二次大戦以降、主にソ連国家保安委員会（ＫＧＢ）とモサドが暗殺工作に手を染めてきた。ＫＧＢの工作員として名の知られた暗殺者、ボグダン・スタンシンスキーは一九五〇年代に数名の反ソ連運動家を葬ってきたが、その後西ドイツに亡命している。またKGBが直接手を下したわけではないが、一九七八年にロンドンでブルガリアのジャーナリスト、ゲオルギー・マルコフが暗殺されている。この暗殺工作は、傘に似せた銃で猛毒のリシンを標的に撃ち込むという洗練された手法であった。二〇〇六年には同じくロンドンで元KGBのアレクサンドル・リトビネンコが猛毒のポロニウムを盛られて暗殺されている。イギリス政府はこの事件の背後にロシアが関わっていると発表し、これは三〇年以上前のマルコフ暗殺を彷彿とさせた。

モサドはスティーヴン・スピルバーグ監督によって映画化もされた有名な「神の怒り」作戦を実行している。これは一九七二年九月五日に生じたミュンヘン・オリンピックでのPLOによるテロに報復するための作戦であり、約七年かけてテロに関係した一一名のテロリストを殺害している。しかしこの工作の過程でモサド要員が逮捕されてしまったにも関わらず、イスラエル政府は本件を公式には認めていない。

最近では一九九七年九月にモサドの工作員がハマスの幹部、ハリド・メシャルを白昼堂々と毒ガスで暗殺しようとして失敗、逮捕され、二〇一〇年一月にはハマス幹部、マフムード・マブフーフをドバイのホテルで殺害したものの、工作チームの姿が監視カメラに写っており、しかもその映像が世界中に公開されて話題となった。これらの件に関してもイスラエル政府は沈黙を守り続けている。

暗殺は発覚した際の政治的リスクや、そもそもルール自体が存在しないことを考えると、欧米民主主義国には難しい工作である。CIAやSISには様々な噂は付きまとっているが、明確に暗殺と確認されるような工作はほとんどない。最も有名なものはキューバのフィデル・カストロ議長暗殺計画であり、少なくとも八回もの計画が立案されたがすべて失敗に終わっている。

他にもエジプトのナセル大統領暗殺計画、セルビアのミロシェビッチ大統領暗殺計画など枚挙に暇がないが、これらは噂に留まっている。イギリスの場合、暗殺は軍の特殊空挺部隊（SAS）や特殊舟艇部隊（SBS）の仕事とされており、一九八八年三月にはSASの工作員が三名のIRAテロリストを殺害している。

4　ハニートラップ

ハニートラップは性を利用して相手から情報を引き出したり、その行為自体を相手の弱みとする工作である。ハニートラップはヒュミントの項で説明した「MICE」の「C」、すなわち脅迫して相手を妥協させる手段の一つとしてよく使用される。

売春は人類の歴史においてもっとも古い商売の一つであるといわれているが、既述してきたように敵の秘密を盗むスパイも同様に古い。これら二つが合わさると、性的関係を利用して情報を入手するという古典的なハニートラップが成り立つ。旧約聖書には既に売春婦が敵方のスパイと内通していた記述が見られるのである。日本でも戦国時代に登場した「くノ一」がそれに当たると言われる。歴史上最も有名なケースは、第一次大戦時、ドイツのスパイとしてフランスで処刑されたマタ・ハリであろう。彼女はパリで高級娼婦として多くの政治家や将校とベッドを共にしたとされており、今でもマタ・ハリは女性スパイの代名詞的存在である。

ハニートラップといえばソ連国家保安委員会（KGB）と言われるほど、その洗練された工作は知られている。KGBはハニートラップの専門要員を抱えており、冷戦期にはモスクワに赴任した日本を含む西側の外交官の多くがこの工作の洗礼を受けたのである。

一九六二年に発覚したプロヒューモ事件は、KGBの直接の工作ではないにせよイギリス政界に多大な影響を及ぼした。これはマクミラン政権の陸相、ジョン・プロヒューモが関係を持っていたとされる当時一九歳の売春婦クリスティン・キーラーが、駐英ソ連海軍武官エフゲニー・イワノフ大佐とも関係を持っていたため、イギリスの軍事機密がキーラーを通じて漏洩したとされる事件である。これをマスコミが報じることによって議会下院でも査問会が開かれ、プロヒューモは責任を取る形で辞任、その半年後にマクミラン首相も辞任に追い込まれたのである。

事件の焦点は、プロヒューモが本当に機密を漏らしたのか否かにかかっていたが、同事件の発覚前からイワノフを調査していた保安部（MI5）は、「キーラーが価値のある情報を入手することは無理だった」と結論付けており、プロヒューモとキーラーの関係が親密になる前に、MI5長官ロジャー・ホリスはノーマン・ブルック官房長官を通じて、本人に警告を発していたのである。ただし同事件はイギリス政界を混乱に陥れたということでは成功だったのかもしれない。マクミランはプロヒューモの辞任に接して、「（イーデン首相を辞任に追い込んだ）スエズ危機でさえまだ『白』だった。これ（プロヒューモ事件）は『黒』だ」と書き残しているほどである。[225]

またハニートラップのターゲットはゲイや女性も例外とはならない。旧東ドイツの諜報機関であったシュタージは「ロメオ」と呼ばれるハンサムで若い男性を西ドイツへと送り込んでいた。彼らのターゲットは政府高官の妻子や秘書であり、彼女らを籠絡しては機密情報を聞き出していたのである。

この傾向は現在もロシアのロシア連邦保安庁（FSB）や対外情報庁（SVR）に受け継がれており、二〇〇八年にイギリスの外交官がモスクワでFSBのハニートラップに引っかかり、翌年にはアメリカの外交官も同様の工作に巻き込まれた。ロシアによるハニートラップは過去のものではないことがよくわかる。

ロシアのものに比べると、中国のハニートラップは荒削りな印象を受ける。その最たるものは、一九六四年から二〇年近く続けられた「時佩孚《シーペイプー》事件」である。京劇の男性役者であった時は女性に扮してフランス人外交官、ベルナルド・ブルシコにハニートラップを仕掛ける。その後、時は中国政府の用意した混血の赤ん坊をブルシコとの子供だと言い張ったため、子供への配慮からフランスの機密情報を中国側に提供し続け、一九八三年、パリで両者はフランス当局に逮捕されたのである。その後の取り調べを通じて、ブルシコは初めて自分の愛人が男性であったことに気づいたという。

しかし最近では中国側の工作は巧妙化しているようだ。二〇〇四年に在上海日本総領事館の電信官が自殺したケースでは、上海に多くある日本人向けカラオケクラブ（実際は売春クラブであったとされる）に二〇〇二年頃から通いだしており、そこを中国の公安機関に付け込まれた。また自衛隊の部外秘密を無断で持ち出していた海上自衛官の一等海曹もこのカラオケクラブに通っていたとされる[226]。

このような中国側の工作に各国は手を焼いており、MI5は二〇〇七年、英財界に対して異例とも言える警告を発した。その中には中国のハニートラップについて、「中国情報機関は標的に対して性的関係や違法行為を行わせ、それを弱みとしてつけ込むやり方をする。上海や北京など中国都市部のホテルの多くは盗聴・監視されているので注意が必要」と記されている。

だがMI5が警告を発した後も、ゴードン・ブラウン首相の訪中団に同行していた首相の側近が、上海のクラブで知り合った中国人女性と一夜を共にし、翌日、女性は機密情報の入った端末とともに去っていたという事件がマスコミを騒がせた。さらに北京オリンピックを視察に訪れていたロンドン市長代理イアン・クレメントも同様の手口で部内書類と携帯端末を盗まれている。こちらは中国側の準備した公式パーティーに出席した際に知り合った女性であった。しかもクレメントは事前に中国のハニートラップについて情報機関からブリーフィングを受けていたにもかかわらず、である。

ただしハニートラップは旧共産圏の専売特許というわけではなく、西側情報機関も行ってきた。西側情報機関にとってハニートラップ工作は、目標の人物を籠絡させる最後の手段として位置づけられている。西側の情報機関の場合、組織内で自前のハニートラップ専門の要員を用意しているわけではなく、不倫などの証拠を摑んで脅迫を行うことが多いようである。例えば一九六八年、カナダ王立騎馬警察（ＲＣＭＰ）は、在カナダのソ連外交官の妻の不倫現場を押さえ、夫から機密情報を入手するよう圧力をかけたことがあった。[227]

また一九七一年にロンドンに駐在していたＫＧＢオフィサー、オレグ・リャーリンは、彼の秘書と関係を持っていたが、この秘書はＭＩ５に繋がっており、その後リャーリンはやむなく西側についた。一九八六年にはイスラエルが極秘裏に進めていた核兵器開発をマスコミに漏らしたモルデハイ・ヴァヌヌがモサドの女性工作員、シェリル・ベントフに首っ丈となったところを誘拐された。ベントフは既婚であり特にこの分野の要員ではなかったようであるが、自らこの役を買って出たという。

情報を取る側から見れば、ハニートラップも重要な情報収集、内通者獲得の一手段であり、それはあらゆる国の情報機関も仕方なしに認めている現実なのである。

5　政治工作

政治工作は外国の政治に裏から介入して、自国に有利な政策を採らせたり、都合の悪い政権を転覆させるような工作である。第二次大戦中の一九四〇年五月、イギリス秘密情報部（SIS）はニューヨークにイギリス保安協力機関（BSC）を設置している。この組織の長は「イントレピッド（大胆不敵）」と呼ばれたカナダ人、ウィリアム・スティーヴンスンであり、チャーチル直々の指名であった。BSCはイギリスのパスポート管理局を装いながら、米国内におけるドイツの情報活動の調査やそれを内々に取り締まる任務を与えられていた。しかしその活動は徐々にアメリカの国内政治にも向けられていく。一九四〇年はアメリカ大統領選挙の年であり、イギリスとしては対英支援に積極的な現職のフランクリン・ローズヴェルト大統領の再選が第二次大戦を戦い抜く上で必須となっていたのである。チャーチルにとって共和党のロバート・タフトが主張したアメリカの孤立主義政策など論外であった。

こうしてBSCは裏口からアメリカの内政に介入することになる。BSCは親英的なジャーナリストや報道機関を利用し、孤立主義者への攻撃や親英的な記事を書かせることに労力を使った。その中にはウォルター・リップマンやアイザイア・バーリンのような当時を代表する知識人も含まれており、時には新聞社を丸ごと買収して記事を書かせるような工作も行っていた。BSCはローズヴェルトが再選されるためにアメリカ国内であらゆる手段を用いていたとされる。[228]

これよりもさらに露骨な政治工作は一九五三年八月のイラン・モサデク政権転覆工作であろう。SISとCIAは武力を使って強引にモサデク政権を転覆させ、シャーの体制を復活させている。その三年後、今度はエジプトのナセルがイギリスに挑戦状を叩き付けた。再びSISはCIAとともにナセル政権の転覆を視野に入れた秘密工作やナセル自身の暗殺すら計画していたが、結局、イスラエルとフランスに引きずられる形で、イギリスは戦争という選択肢を選んだ。ところがこの行為は国際世論の猛反発を招き、当時のイーデン首相は責任をとって辞任を余儀なくされたのである。

政治工作はそれ程大がかりかつ困難な手段であるので、過去に成功した事例があまり見当たらない。一九七五年、アメリカはポルトガルの総選挙で共産党が政権を奪取する可能性に直面し、選挙への介入を検討したことがあったが、この工作は露見した際のリスクの大きさから実行に移されなかった。[229]

戦後の日本でも政治工作は展開されてきた。CIAは天敵のマッカーサーが日本を去った後、日本での反共工作を活発化させる。その最たるものは自民党への資金援助であり、冷戦期の自民党の一党支配に寄与していたとされる。[230]これに対抗するようにしてKGBも社会党に資金援助を行った。このような構図は当時多くの国で見られたことである。[231]

準軍事作戦は、情報機関が軍部と協力しながら行うが、戦争行為にまでは至らないものである。しかしこの種の作戦は一歩間違えると国際社会からの非難を招く上、戦争に発展してしまうリスクがあるため、国家安全保障への死活的な脅威が予想されるほどのことがないと実行されない。有名な作戦としてはイスラエルが行った「オペラ作戦」である。本作戦はイスラエルにとってイラクの核開発が将来の脅威となることが予測されたために、これを取り除く目的で実施された。一九八一年六月七日、イスラエル空軍機がヨルダン、サウジアラビア、イラクの領空を侵して、電撃的にイラクの核施設を空爆したのである。この作戦はモサドによる事前の情報収集もあって成功裏に終わったが、国連安保理はイスラエルの行為を非難した。一方のイラクはイラン・イラク戦争の最中であったため、イスラエルに対して宣戦布告する余裕はなかった。

またイスラエル軍は二〇〇七年九月六日にも「果樹園作戦」を断行し、隣国シリアの核関連施設を空爆、破壊している。さらにその後、イランの核開発施設を爆撃する作戦も計画されていたようであるが、これは実行されなかった。その代わりにモサドはスタックスネットというコンピューターウイルスを使って、同施設の遠心分離器を暴走させ、イランの核開発にダメージを与えることに成功したと報道されている。[232]

6　秘密工作と政治指導者

情報機関の長は大統領や首相といった行政府のトップに対して定期的に報告を行う。これはもちろん政治指導者のアドバイザーとしての役割を期待されてのことであるが、情報機関は行政府の管理下に置かれることで統制されてきたという特殊な運用上の理由も存在している。

情報機関は政治指導者の管理下に置かれることで、自らの活動を抑制しなければならなくなる。なぜなら情報機関が海外で失態を犯してそれが露見した場合、それは外交問題、及び政治指導者の責任論に発展する可能性が高く、そのようなリスクを考慮すれば、民主主義国家において情報機関が非合法活動に暴走することは現実的に難しくなるからである。

一九六〇年にCIAのゲーリー・パワーズがソ連に逮捕されたことは国際問題となり、その後予定されていた米ソ首脳会談は頓挫した。二〇一〇年一月にはモサドと見られているチームがドバイでハマスの幹部、マフムード・マブフーフを暗殺するという事件を起こしたが、彼らの行動は各地の監視カメラに記録されており、また使用していたパスポートも偽造であることが判明した。各国のマスコミはこの事件を大々的に報じ、偽造パスポートを使用されたイギリス政府は、ロンドンに駐在するイスラエルの外交官を「ペルソナ・ノン・グラータ（好ましからざる人物）」として追放処分としている。

このような政治的リスクを考慮した場合、情報機関の秘密工作活動も抑制的なものとならざるを得ない。逆に言えば、秘密工作が行われるためには、事前に政治指導者の承認があるかどうかが重要である。もしそのような許可なく情報機関が勝手に秘密工作を行って不祥事を起こせば、組織の長はたちまち処分されてしまうだろう。

一九五六年四月、ソ連のフルシチョフ書記長とブルガーニン首相が、最新のソ連巡洋艦「オルジョニキーゼ」に乗船してイギリスを公式訪問した。この期間中、「オルジョニキーゼ」は英南部のポーツマス港に停泊しており、これを千載一遇の機会とみたＳＩＳは元英海軍のダイバーであったライオネル・クラブを使って海中から巡洋艦の調査を試みた。しかし任務遂行にあたったクラブは行方不明となり、その後首なし死体として発見された。この工作は当時のイーデン首相に事前に伝えられておらず問題となり、当時のＳＩＳ長官ジョン・シンクレアは責任を取る形で辞任したのである。[233]

アメリカの場合、「米国の対外政策目標を支援するのに必要であり、米国の国家安全保障上重要である」という条件であれば、大統領認定の下で秘密工作が行われる。しかし一九六一年四月、ＣＩＡは新任のケネディ大統領に真実を伝えないまま、キューバのカストロ政権転覆を試みたピッグス事件を起こしたが、これは無残な失敗に終わった。怒りの収まらないケネディはアレン・ダレスを解雇し、その上CIAの解体まで計画したのである。この時、同事件の調査委員会で元CIA長官のウォルター・ベデル・スミスは、CIAから秘密工作の権限を取り上げるべきだと証言している。

これらの事例からわかるように、民主主義国の情報組織が海外で工作を行った場合、通常は政治指導者の承認があったと考えるのが普通である。一九七二年九月、ミュンヘン・オリンピックの会場に押し入ったPLOの一組織、「黒い九月」はイスラエルの選手団一一名を殺害した。このテロに対する報復として、当時のイスラエル首相ゴルダ・メイアとモシェ・ダヤン国防相は「黒い九月」への報復を命じ、モサドはテロに関わった一一名を殺害したのである[234]。前述のドバイの一件に関してもドバイ警察は事件をモサドによるものと判断し、その上でドバイ警察はモサド長官、メイル・ダガンと同時にベンヤミン・ネタニヤフ首相の逮捕状を請求したと言われているが、これはモサドの秘密工作が首相の裁可の下で行われているという判断に基づいているためである。

7 倫理的問題

二〇〇三年、イギリス政府通信本部（GCHQ）職員のキャサリン・ガンはイラク戦争反対という個人的な信念から、GCHQが米国内で通信傍受を行っているという機密を外部に暴露し、その後機密漏洩の罪で逮捕された。彼女にとっては国益よりも自らの信念を貫く方が重要に思えたのである。

情報機関にとって工作活動の際に考慮すべきは倫理的な問題よりもむしろ国益の問題であり、例えば暗殺を計画する際には、情報機関は国内外からの批判や相手国の報復の可能性をも考慮しているのである。

第二次大戦中、イギリスの特殊作戦部隊（ＳＯＥ）は何度もヒトラーの暗殺を計画していたが最終的には断念している。その理由は倫理的なものではなく、ヒトラーが最高司令官として無能と判断され、生かしておく方が連合軍のためになると考えられたからである。逆に山本五十六連合艦隊司令長官が殺害されたのは、日本海軍で最も有能な指揮官の一人であると判断されたためだった。[235]

ただし上記の例は半世紀以上も前の戦争中の話であるため、そのまま現代のケースに当てはめることはできないが、倫理の問題は組織の方針や国益などに照らし合わせて考慮されなければならない。必ずしも国益や組織のルールが倫理に優るというわけではないが、ＧＣＨＱに採用される時点で秘密の遵守を義務付けられたガンのケースは疑問が残る。また自らの信念でソ連側についたＳＩＳのフィルビーの行為も、裏切りによって多くの同僚を窮地に追いやったことを考えればあまり許容できるものではないだろう。ローエンタールは、「インテリジェンスに携わる者や政策決定者は、重要な倫理基準や道徳上のジレンマに直面することになり、それに対応しなければならない」と説いている。[236]

スパイは人類の歴史上最も古い職業の一つであるにもかかわらず、ほとんどモラルや倫理観が形成されてこなかったのは事実である。この分野には外交におけるウィーン条約のようなルールが存在しないため、各国の行政府やインテリジェンスはある程度の規範や倫理によって自己を制限しなければならない。ジェラルド・フォード大統領は自らの倫理観から情報組織による暗殺を明確に禁止した。

トニ・アースキンによると、インテリジェンス・オフィサーの倫理観は、国益がすべてに優先するという現実主義者、コストや手段とそれによって得られる情報を比較検討すべきであるとする結果主義者、そして非倫理的な手法は明確に禁止されるべきであるとする原理主義者に三類型される。それぞれ個別のオフィサーがどこに所属するかで同じ任務に対する見方が変わってくるという。[237]これまでのインテリジェンスの大部分を占めていたのは現実主義者であろうが、この分野への倫理の広がりによって非合法活動に対する嫌悪感が各組織の間で共有されつつあるようである。

マイケル・ハーマンは、インテリジェンス組織が極端な行動に走ることを抑止するために、①（非合法な情報のみに頼らない）欧米流のオール・ソース・アナリシスに基づいたインテリジェンス作成過程の浸透、②国際的なインテリジェンス協力の普及、③共通の規範の設定、が重要であると説いており、共通の規範設定が重要であることが窺える。[238]またステファン・ブレムはインテリジェンスには特別な倫理観は必要ないが、手続や監視といった面で明確なルールの作成が必要であるとし、それらは例えば、①情報機関に自由裁量を持たせない、②対テロ活動における合法性、③拷問の禁止、④個人情報取扱いに関する規定作り、⑤プライバシーの尊重、などを指針にすべきであるとした[239]。

国内的には後述するようにインテリジェンスに対する監視制度が整備されてきたし、また今後国際的なインテリジェンス協力が進展していけば、サード・パーティー・ルールのような共通のルールや規範が醸成されていくことになろう。

第7章　インテリジェンスに対する統制と監視

　これまで見てきたように、情報機関は暗殺やハニートラップといった危険な秘密工作を行うこともあるため、時として国外で違法行為に手を染めたり、一般市民の権利を侵害するような危険性も孕んでいる。また政治家がインテリジェンスを国内の政局に利用する可能性もあるため、これは政治家自身にとっても大きな問題である。さらには情報の政治化や失敗が表面化した場合、その原因や責任を明確に調査する必要性もあろう。

にもかかわらず情報機関は秘密に関わる組織であるがゆえに、公の場でその活動や詳細について議論することは難しい。ここにインテリジェンスの秘密性と情報公開のジレンマが生じるのである。リチャード・ヘルムズCIA長官は、上院の外交関係委員会において、一九七三年九月十一日にチリで生じたクーデターが、CIAの関与によるものか証言を迫られていた。事実はCIAの関与によるものであったが、ヘルムズは長官として国益に関わる機密事項を秘匿しなければならないという責務を負っており、チリでの一件は明らかに秘匿すべき事項であると判断したのである。ヘルムズは説明責任と守秘義務というジレンマに直面していたが、最終的に虚偽の証言によってCIAの関与を否定した。その後一九七七年、ヘルムズは虚偽の証言を行ったとして有罪の判決を受けることになった。[240]

情報機関はその活動についてすべてを明らかにするわけにはいかないし、議会もすべての事実を明らかにしようとしては、国家のインテリジェンスが機能しなくなることを認識しておく必要がある。そこで情報組織の秘密を守りながら、その活動内容を監視するような仕組みが必要となってくる。これがいわゆるインテリジェンスのオーバーサイト（監視）やアカウンタビリティ（説明義務）と呼ばれるものである。

これまで述べてきたように、インテリジェンスの機能という分野においては、行政府と情報機関の相互関係が重要であるが、情報機関の監視となると政府だけではなく、議会や報道機関にも関連してくる事項である。そのため民主主義国家においては、議会等で選出されたメンバーが直接情報機関の活動を監視するという制度が存在するようになった。また広義には報道機関もそのような監視の一端を担っていると考えられる。

情報機関の統制についてはまず主体による区分がある。それらは、①行政府による統制、②立法府（議会）による監視、③法律による統制や司法機関の介入、④報道機関による監視、などが挙げられ、これらの組み合わせによって情報機関への監視、統制が成り立っている。また統制の手段としては、予算・人事権を通じた統制、法律による統制、運用による統制、さらには情報の質や活動の違法性に対する調査等があり、これらの手段をどの主体が有するかによって、監視主体の強弱が決まる。[241] 例えばアメリカ議会の情報委員会はインテリジェンスに対する予算・人事の権限を持っているため強力な統制主体であるが、イギリスの議会情報委員会は予算の使用状況を事後的にチェックするだけなので、その統制力は限られたものとなっているのである。

1　行政府による統制

多くの民主主義国において、情報機関はその誕生と同時に行政府の庇護を受けることになった。情報機関が警察や軍部と異なるのは、後者が各大臣の所管であるのに対し、情報機関は大統領や首相といった政治的リーダーに直結している点である。そのため情報機関の持つ影響力は時として看過しえないものであり、各国政府はこれを行政権力によって統制しようとしてきたのである。ちなみに情報機関への統制（control）と情報機関の運用（management）は異なる。前者は政治家や行政府によるものであり、後者は情報機関の長に与えられた権限である。

既に政治的リーダーシップが情報機関の暴走を抑止するということを述べてきたが、必ずしも政策決定者がインテリジェンスに対する知識を多く持っているわけではないので、行政府には政治家を補佐しながら情報機関を監視統制する制度が存在してきた。

民主主義国の中では最も早い段階で情報組織を設立したイギリスは、試行錯誤しながら情報機関の統制を行ってきた。イギリスの情報機関は国王大権の下に設置された経緯があり、「国王（女王）陛下のSIS」は長らく国王の臣下である首相や大臣への説明責任のみを負ってきたために、イギリスでは行政府によるインテリジェンスの統制が発達してきたのである。

例えば外務連邦省は外務省顧問（FOA）を秘密情報部（SIS）に派遣してきた。外務省顧問はSIS長官の側近として外務連邦省の見解をSISに伝えることと、SISが海外での秘密工作に暴走しないよう監視の役割を担っているとされる。これはかつてSISが海外で秘密工作を行う際、その国に赴任しているイギリス大使の許可が必要であったという伝統を制度化したものである。[242]

イギリスのインテリジェンスに対する統制は、組織の監視というよりはいかに効率的な組織運営を行うかに重点が置かれている。イギリスのコミュニティは外務連邦省の管轄下にSISと政府通信本部（GCHQ）、内務省の管轄下に保安部（MI5）、国防省の管轄下に国防情報本部（DI）が置かれており、これら組織を上手くまとめて戦略的にインテリジェンスを利用するために内閣府で一元的にコミュニティを纏め上げるという仕組みが整備されたのである。

そしてそのような行政的統制を支えているのが、官房長官（事務）を長とするインテリジェンスに関する事務次官会議（PSIS）であり、内務、外務、国防、大蔵省の各次官がインテリジェンス予算の細目や活動内容、各情報機関の幹部人事を話し合う場となっている。[243]ここで話し合われた内容が官房長官を通じて首相、内務相、外務相、国防相、大蔵相等からなる情報委員会で承認されることになる。[244]

またイギリスの合同情報委員会（JIC）の属する内閣府には、各インテリジェンス組織の予算を承認する権限が与えられている。SIS、GCHQ、MI5は内閣府からの単一情報予算（SIA）によって運用されているため、内閣府の情報保安室長兼首相補佐官（保安担当）が首相を補佐し、官房長官とも連携してインテリジェンス予算を一括して管理している。さらに冷戦期であれば、秘密工作を指導、監視する合同行動委員会（JAC）がJICに並列して設置されており、現在は首相が議長を務める内閣外交防衛小委員会の傘下に置かれている。[245]そのためイギリスの内閣や内閣府はインテリジェンスを統制する強力な権限を有しているということができる。

アメリカにおいては、大統領が行政命令（Executive Order）によって議会の承認を得ることなしにインテリジェンスを統制することができる。最も有名なレーガン大統領による行政命令一二三三三号は、あらゆる種類の暗殺禁止を含めた詳細な規定を定めた。またレーガン大統領は一九八八年、議会上院から衛星画像の提出を求められ、これを拒絶した。ただしこれらは運用面における行政府の優越であり、インテリジェンスの統制をめぐって、必ずしも行政府が立法府に優っているというわけではない。後述するがアメリカの場合、立法府は予算や人事権を通じて情報機関に影響を与えることができるのである。

アメリカの行政監視で一定の効果があると考えられるのは、大統領インテリジェンス監査会議（ＰＩＯＢ）であり、これはアイゼンハワー政権がインテリジェンス機関をチェックするため一九五六年に設置した大統領対外情報諮問会議（ＰＦＩＡＢ）に端を発する。ＰＩＯＢが設置されたのは一九七五年になってからのことであるが、各情報機関の監査組織から提出される四半期毎の報告書を審査し、違法行為がなかったかどうかを判断している。

また欧米の情報組織には内部に独立性を保障された主席監察官（Inspectors-General）や会計検査官が存在しており、彼らは政府または議会の代理人として情報機関を内側から監視している。この監察官は日本の警察監察官のように部内の人間をその職務につけるのではなく、外部の人間を行政府、もしくは立法府からの任命によって職務につけている。イスラエルでも監察官がインテリジェンスの活動や予算についてチェックできるようになっている。

監察官は情報組織のスタッフに対する質問権限や秘密情報へのアクセス権を有し、定期的に行政府に対して報告書を提出することになっており、その権限は小さくないといえる。主席監察官は主に情報機関の運用状況や効率性、政府の方針や政策との乖離、説明責任、法制度などの観点から情報組織を調査している。ＣＩＡの場合、大統領が主席監察官を任命し、上院議会が承認する。これに対して主席監察官は議会特別委員会に報告書を提出しなければならない。

二〇〇一年十二月、9・11同時多発テロを受けて議会はCIA首席監察官ジョン・ヘルガーソンに対してCIAに関する「アカウンタビリティ報告書」を提出するように指示した。二〇〇五年六月に提出された報告書では、CIAの国際テロへの取り組みが不十分であったことが指摘されている。これに対してCIAのゴス長官は反発し、再調査を求める議会との間で緊迫したやり取りが展開された。

CIA長官も監察官から報告書を提出される立場にあるが、その調査の過程に対して介入することはできないとされており、長官自身が査察対象となる場合もある。また予算の使用状況については会計検査官がチェックする仕組みとなる。情報機関の場合、公にできない機密費の運用等があるため、通常の政府組織に対する会計検査とはやや異なる。イギリスにおいては会計検査のレポートは、会計委員長や議会情報保安委員会長などごく少数に報告されるだけである。[246]

2　立法府による監視

情報組織に対する市民の監視は、「誰が見張りを見張るのか（Quis custodiet ipsos

custodes?)」と言われるような古くて新しい問題であるが、実際にこの問題が議論され始めたのは一九七〇年代以降のことである。[247]大抵の国において情報機関は行政府の責任の下で設置され、その統制も政府によって行われてきた。しかし情報機関に対する民主主義的監視という問題はまずアメリカで議論されるようになる。

これは一九七四年十二月二十二日、「ニューヨーク・タイムズ」紙のセイモア・ハーシュ記者が執筆した記事を発端とする。[248]その記事は、CIAが米国内で反政府団体の監視を行っていたというものであり、明らかにCIA設置を規定した一九四七年国家安全保障法に違反するものであった。一九七二年から七四年にかけてアメリカを騒がせたウォーターゲート事件の余波もあり、この一件で情報機関監視の議論は高まることとなる。

アメリカでは立法府は行政府に対抗できる力を持っていたのにもかかわらず、東西冷戦という時代背景もあり議会は行政府のインテリジェンス組織に対してほとんど監視らしい監視といえるような行動を取ってこなかったが、この記事のインパクトは大きく、上院は一九七五年にチャーチ委員会を設置してそれまで野放しにされてきたインテリジェンスの活動内容を調査することになった。

その結果、立法府も情報組織を監視すべきであるとの結論から、一九七六年から翌年にかけて上下両院に議会情報特別委員会が設置され、さらに一九八〇年のインテリジェンス監査法によって制度化されたのである。

このチャーチ委員会の調査は、それまで行政府の管理下にあった情報組織に対して立法府も監視を行うべきとする新たな潮流を起こす結果となった。アメリカでの議論を受け、一九七八年には西ドイツが議会による情報統制委員会を設置しており、一九八〇年代にはカナダやオーストラリア、そして九〇年代にはイギリスを含めた欧州諸国でも立法府による情報機関の監視についての議論と制度設計が始まったのである。[249]

アメリカではその他にも上院の軍事委員会、両院の外交委員会や司法委員会も軍事系インテリジェンスやFBIを監視することになっており、その監査報告書は大統領に提出される。[250] また大統領が許可した秘密工作の類についても情報機関から議会情報委員会へ報告の義務が生じるので、この種の報告が秘密工作へのハードルとなっている。

議会情報委員会が持つ最大の影響力はインテリジェンス予算に関する権限である。それらは主に歳出承認権限と歳出予算決定からなっており、アメリカの情報組織、特にCIAの秘密工作に与える影響は小さくない。

一九八〇年代、下院特別情報委員会はレーガン政権が計画していたニカラグアの反共ゲリラ、コントラ・グループへの武器支援用予算を制限したため、ホワイトハウスはイランへの武器売却代をコントラへの資金援助に流用するという手に出た。これは後にイラン＝コントラ事件となって発覚することになる。

また二〇〇八年には、下院情報委員会は秘密工作の予算権限をちらつかせながら、工作実行に関する議会への事前通告の徹底を主張し、ブッシュ政権と対立した。このようにアメリカの議会による予算の監察権限は、インテリジェンス統制手段の一つである。

一九九七年にCIA長官となったジョージ・テネットはそれまでインテリジェンスの経験は全くなかったが、上院情報委員会事務局長としてインテリジェンスの予算決定に精通していたことからCIA副長官、そして長官に任命されている。その後、二〇〇九年にCIA長官に就任したレオン・パネッタもインテリジェンスの経験のない民主党の下院議員であったが、彼は下院予算委員会委員長を務めており、同様にインテリジェンス予算についても精通していた[251]。一説によると、パネッタは大統領補佐官時代にクリントン大統領とともにCIAのブリーフィングを受けていた経験を持っているため、CIAとホワイトハウスの関係も良く理解していたと言われる[252]。このようにCIAにとって、議会の持つインテリジェンス予算権限が決して小さくないことが窺える。

また米国の上院は、政府高官の指名を承認、または拒否する権限を持っており、これはCIA長官も例外ではない。そのため議会はこのようなインテリジェンスの幹部ポストの承認権を通じて影響力を発揮することもできる。一九八七年、病に倒れたウィリアム・ケイシーCIA長官の後任として、ロバート・ゲイツCIA長官代行の名前が上がっていたが、ゲイツはイラン＝コントラ事件への関与が取り沙汰されたため、上院はこの人事に否定的な見解を露にした。その結果、ゲイツは長官への昇進を辞退することになったのである。

議会情報委員会は機密情報にアクセスする権限を持ち、情報機関の運用や予算をチェックすることで監視を実現している。また上院議員はイギリスとは異なり、上記のように大統領が指名した閣僚や各省庁幹部の人事に対する承認権限も有しており、これらの権限は決して小さくはない。

逆に議員の側から見れば、情報委員に属するということ自体は必ずしも自分たちの選挙にとってプラスとはならないが、情報委員は国家機密にアクセスする権限を持ち、また政府のインテリジェンス政策に影響を与えることができるため、そのことでメディアに大きく取り上げられるというメリットが考えられる。

イギリスではそもそも秘密情報部（SIS）や保安部（MI5）は法的には存在しない組織であり、それを監視するというのは非現実的と考えられてきた。一九二四年、時の外相オースティン・チェンバレンが下院議会で行った「秘密情報部が秘密でなければならないのはその本質に関わる問題だ」という発言により、それ以降、議会がインテリジェンスを議題にすることはタブーとされてきた。その六一年後、インテリジェンスの公式史家に任命されたマイケル・ハワードが勇気ある発言を行った。「政府によるとMI5もMI6（SIS）も公式には存在していないことになる。ではもし敵のスパイがそのへんの茂みで見つかったら、情報機関はコウノトリにでも運ばれてくるのかね」[253]。当時すでにSIS

やMI5の存在は誰でも知っている公然の秘密であり、ハワードはそれを認めようとしない政府を痛烈に皮肉ったのである。

さらに一九八七年に元MI5職員のピーター・ライトが暴露的な著作、『スパイキャッチャー』を出版したことは注目を集めた。著作の中でライトは元MI5長官、ロジャー・ホリスがソ連側のスパイであったことを仄めかし、これがスキャンダルへと発展したのである。しかし当時の議会はこの是非を調査する権限を持たなかったため、真実はうやむやになってしまった[254]。

その後の湾岸戦争においては、イラクが秘密裏に開発していた超巨大砲（口径一メートル、最大射程一五〇〇キロと推定）の砲身がイギリス国内で押収されるという事件が生じたが、この情報の出所はイスラエルのモサドからのものであり、事を公にすることは困難であった。議会の貿易産業委員会はこの事件の詳細を調査しようと試みたが、事が機密情報に関わるため断念したのである[255]。

これらの事件に加え、冷戦の終結後は「平和の配当」を求めたインテリジェンス予算の削減圧力が高まっており、政府も議会によるインテリジェンス監視実現に向けて重い腰を上げざるを得なかった。まず一九九四年の情報組織法（ISA）によってようやくSISや政府通信本部（GCHQ）の存在が法的に根拠を与えられ、議会による監視が可能となったのである。

同年、議会に情報保安委員会（ＩＳＣ）が設置されているが、実際に委員会に与えられた権限や役割は限定的なものとなった。同委員会は九名の与野党議員から構成されており、機密情報へのアクセス権を有しているが、メンバーは首相によって選任され、年次報告書もまず首相に提出された上で議会に提出される。首相は公開に不適切と判断した場合は報告書の内容を削除することができるので、報告書の役割も限られたものとなっているのである。

さらにはメンバーである議員が専門知識を有していない場合もあり、調査の際には情報機関に多くを頼らなければならない。しかし調査のプロセスに「プロ」が関わることは、報告書の中立性に疑問を投げかけることにもなる。プロでなくとも情報機関を監視するメンバーの選出は難しい。

その結果、専門知識を有しない委員会のメンバーは情報機関からの報告を鵜呑みにしてしまうこともある。二〇〇三年のイラクの大量破壊兵器をめぐる問題で、議会の委員は情報機関からの報告書をそのまま受け入れ、イラクに大量破壊兵器が存在していると信じこんでしまった。[256]

このような現状に対して、リチャード・オルドリッチは「極言すればＩＳＣは秘密の一端に身を置いているに過ぎず、（筆者注：情報サイドに）言われたことを信じるより他はない」と苦言を呈し、ピーター・ギルも「ＩＳＣは政府が批判をかわすための媒体に成り下がる危険がある」と警鐘を鳴らしている。[257] 実際、ＩＳＣのイラク大量兵器に関する報告書ではイギリスの世論を納得させることができず、その後イギリス政府はハットン委員会（二〇〇四年）、バトラー委員会（二〇〇四年）、チルコット委員会（二〇〇九年）という特別委員会を何度も設置して真相を究明しなければならなかった。しかしＧＣＨＱはバトラー委員会に圧力をかけ、報告書からＧＣＨＱに関する記述をすべて消去させた経緯があり、委員会による調査能力の限界が露呈している。[258]

イギリスの場合、既述したように議会の監視能力は限定的なものである。立法府によるインテリジェンスの監視能力が限定的なのはフランスなどでも同じであるが、これらの国では行政監視が発達している点を見逃してはならない。

逆にアメリカやドイツなどは立法府による監視が比較的よく機能しているといえるが、既述のように「素人」によるインテリジェンスの監視には限界がある。そのため米議会の情報委員会などでは外部有識者を招き、インテリジェンス・オフィサーに対する公聴会も行っている。外部の有識者であれば、より専門的で詳細なインテリジェンスに対する監視が可能となるからである。カナダや北欧諸国などでは外部の有識者が議会に報告書を提出する監査システムを採っている。[259]

議会による監視は時として極めて政治的な色彩が強くなり、野党による与党への追及の道具としてインテリジェンス組織が利用されてしまう可能性も否定できない。ローエンタールの表現を借りれば、「公聴会は必ずしも敵意があるとは限らないが、敵対的ではある」[260]そうだが、逆にインテリジェンス側は政治的中立性と機密事項を守りつつ、自分たちの活動の正当性を訴えなければならないのである。

アメリカでもイラク戦争をめぐって議会合同調査報告書が提出されているが、その内容は不十分なものであった。そのためイラク調査団長を務めたチャールズ・ダルファーがあらためて報告書を提出した。この報告書の内容は「イラク戦争開戦時に米英の情報機関は、大量破壊兵器を保有しようとしたフセインの意図は正確に把握していたが、大量破壊兵器の開発状況については見誤っていた。（中略）フセインは大量破壊兵器保有を決意したものの、国連による制裁解除まで待っていたのだろう」というものであり、錯綜していたイラク大量破壊兵器問題に一応の決着を着けたのである。このように立法府だけの監視では専門性に問題があるため、そこに専門家や行政府が関わる必要性が生じてくるのである。

情報機関の側にとっても立法府によるチェックは、議会からの「お墨付き」を得る上で重要であるため、情報組織も議会の委員会と協力していかなくてはならない。委員会で機微な情報が必要となった場合、議会の委員会と情報機関、そして外部の有識者の間で検討されることがある。このような検討が必要となった場合、有識者らは政府からセキュリティ・クリアランスの発行を受け、外部に秘密を漏らさないよう配慮しなければならない。

これまでは基本的には首相やインテリジェンスの内包組織による情報機関の行政的統制

が主で、議会による監視は前者が上手く機能しなくなった場合の安全弁であると考えられてきた。[261] なぜなら閣僚でない議員が政府の情報活動に通じているケースは少なく、そこには機密保持の問題が付きまとうからである。また、あまりに立法府の監視が強まると監視そのものが形骸化し、インテリジェンスが政争の道具とされる可能性も考えられる。しかし今後は立法府によるインテリジェンス監視が主流となっていくだろう。

また近年では国際テロに対抗するために各国の情報組織の国際的な協力が進んでおり、従来の一国を対象としたインテリジェンス監視は様々な問題に直面している。例えば一九九一年、パレスチナ解放機構（ＰＬＯ）のメンバー数名がノルウェイに政治亡命を申請したことがあり、ノルウェイ保安部（Overvakingspolitiet）は聞き取り調査を行おうとしたが、彼らはノルウェイ語が話せなかった。そこで保安機関はモサドに協力を要請したのである。ところがノルウェイ議会は保安機関とモサドとの情報協力を認めていなかったため、議会の調査委員会は保安機関の行為を批判するに至った。この一件はスキャンダルにまで発展し、保安部長は責任を取って辞職せざるを得なくなったのである。[262]

これは運用面で国際的なインテリジェンス運用が進みつつあるのとは対照的に、国内でのインテリジェンス監視が従来のものに留まっているという両者の乖離の問題でもある。オーバーサイトの制度が国際的なインテリジェンス協力にも適応できるよう整備されていけば、一九七〇年代にアメリカが議会によるインテリジェンス監視を導入したのと同程度のインパクトが予想されよう。

3 司法による監視

情報組織の存在意義やその任務、すなわち国益のために何をしなければならないのか、また何をしてはいけないのか、を法律等で定めておくことは、情報機関の暴走を抑止する上で重要な制度的枠組みである。ただしイギリスにおいて情報機関は国王大権の下に設置された経緯があり、一九八九年の保安部法（SSA）、一九九四年の情報組織法（ISA）が制定されるまで情報機関は根拠法に規定されておらず、法律上は存在しない組織であった。合同情報委員会（JIC）に至っては未だに根拠法が存在していないのである。[263]

イスラエルでは一九八四年四月、それまでも過酷な尋問を繰り返してきたイスラエルの保安組織、シャバクが拘束したテロリストを尋問中に殺害するという不祥事を起こしていた。このようなシャバクの行為はイスラエル世論の反感を買い、その後シャバクの活動を規定する「ISA法」の制定に繋がった。しかしイスラエルの対外情報機関モサドの場合は、同組織を規定する法律は未だなく、海外での非合法活動を行うことができるのである。

モサドは例外的であるが、今や民主主義国家における多くの情報機関は根拠法を有しており、原則としてそこから逸脱した行動は取れない。情報組織といえども国内法や組織の根拠法に従わなければならず、ほとんどの欧米諸国では自国民に対する監視活動などは法律によって規制されている。

イギリスでは一九八五年通信盗聴法によって国内での行政傍受が制限されており、二〇〇〇年調査権制限法は国内で調査、監視活動を行う政府機関を厳格に規定している。またアメリカの場合は一九七八年外国情報監視法(FISA)の規定で、情報収集を目的とした米国内での通信傍受活動は、裁判所の許可の下で外国人を対象とすることに限定されている。

インテリジェンスを規制する国際的な枠組みとしては、一九五〇年十一月四日にローマで調印された欧州人権条約(ECHR)を挙げることができる。ECHRの条項でインテリジェンス運用に関連するのは、生命の尊重(第二条)、拷問の禁止(第三条)、個人の自由と安全の権利(第五条)、公平な裁判(第六条)、プライバシーの尊重(第八条)、思想信条の自由(第九条)等で、調印した欧州各国はこの条項を遵守しながらインテリジェンスを運用しなくてはならない。[264] そのためECHRに縛られないアメリカの各情報機関との協力は、ヨーロッパ各国の情報機関にとっては悩ましい問題となりつつある。

ストラスブールの欧州人権裁判所は各国の情報組織がECHRの規定を侵害していないかチェックでき、また欧州評議会の議員会議にはECHRを原則とした各国のインテリジェンスの監視も可能なのである。ECHRは現在、ヨーロッパ各国の裁判所にインテリジエンスを監査する基準を提示しており、各国のインテリジェンス活動にも影響を与えている。例えば一九八二年にイギリスの裁判所はECHRの条項に反するとして、盗聴による証拠を却下している。この判決を受けてイギリスでは一九八五年通信盗聴法が議会で可決されたのである。また一九八七年にはスウェーデンの保安警察の盗聴行為がECHRの条項に反しているということで批判された[265]。

二〇〇三年二月、CIAとイタリアの情報軍事保安庁（SISMI）はイスラム過激派集団、ジェマー・イスラミアの要員と見なされたアブ・オマルをミラノで誘拐し、そのままエジプトに移送するという秘密工作を実行した。オマルは四年間にわたってエジプトで監禁され、尋問や拷問を受け続けることになったのである[266]。確かにイタリア情報機関の行為はECHRに違反していたが、それよりも問題は欧州情報機関とアメリカ情報機関による誘拐行為のための連携であった。このような問題を受け、二〇〇六年一月十六日、欧州評議会は欧州各国の情報機関がCIAによる囚人特例引渡しに利用されているとして、臨時調査委員会（TDIP）を設置している[267]。

調査委員会は二〇〇六年二月から翌年二月の間に九回の報告書を提出しており、それらによるとCIAは9・11テロ以降一〇〇〇名を超えるテロ容疑者をヨーロッパ各地に監禁し、違法な尋問を行ったという[268]。調査委員会はECHRを批准していないアメリカにまでその条項を適用して批判することができたという点で画期的であった。

情報機関が問題を起こした場合、司法権力が中心となって調査を行うこともある。前述のシャバクの事件の際にはイスラエル最高裁のメンバーが調査から法律の制定まで関わった。アングロサクソン諸国ではこのような司法によるインテリジェンスの調査が制度化されており、米英加などでは判事による委員会が情報組織の運用についても調査できるのである。[269]

二〇〇三年七月、ブレア首相は北アイルランド高等法院主席判事を務めたハットン卿に対して、イラクの大量破壊兵器の問題とそれにまつわるデーヴィッド・ケリー博士の自殺について調査するよう命じた。生物化学兵器の専門家であったケリーは国防情報本部（DI）でイラクの生物化学兵器について調査していたが、彼はイラクの大量破壊兵器に関しては懐疑的な立場であったとされる。ケリーはBBCのアンドリュー・ギリガン記者と密会し、あくまでも「噂」としてブレア首相の側近、アラステア・キャンベル首相補佐官の圧力によって「四五分以内の化学兵器戦争」の情報が捏造されていた可能性を伝えた。しかしケリーの話は誇張されて報道され、しかもリークによって彼の名前が特定されてしまったため、事は一大政治スキャンダルへと発展することになったのである。このような状況に責任を感じたケリーは二〇〇三年七月十七日に自裁した。

この一件はブレア首相の側近が情報を捏造した可能性と、ケリーが口封じのために暗殺された可能性があったため、マスコミの注目を集めることとなった。その後二〇〇四年一月二十八日にハットン卿は政府に報告書を提出しているが、それによるとケリー博士の自殺は確実でその行為は予測不可能であったこと、そしてキャンベルの圧力による情報の捏造は確認することができなかった、という結論が導かれている。ただし本報告書ではジョン・スカーレットＪＩＣ議長が、首相サイドから「魅力的」な報告書を書くよう圧力を感じていた、ということも明記されている。[270] このハットン報告書には七五〇頁にわたる詳細な調査結果が記されており、議会情報保安委員会（ＩＳＣ）が調査したイラク大量破壊兵器に関する報告書とは比較にならないインパクトがあったといえる。

最近ではアラル事件が世界中のマスコミを賑わせた。シリア生まれのカナダ人、マヘリ・アラルは二〇〇二年九月、乗り換えのため立ち寄ったジョンＦケネディ空港の入国審査で突然ＦＢＩに逮捕され、ほとんど取り調べも行われないまま囚人特例引渡しによってそのままシリアに強制移送されてしまったのである。アラルはそこで一年間、シリアの保安組織による尋問や拷問を受けたが、シリア当局はアラルとテロ組織との関係を立証することができず、二〇〇三年十月にアラルは釈放されている。

カナダ政府は本件に際してデニス・オコナー判事を中心とした調査委員会を設置し、二〇〇六年九月十八日の最終報告書でアラルの無罪を立証した。これを受けてカナダ外務省はアメリカ国務省に対して公式に抗議したが、アメリカ政府からの反応はほとんどなく、アメリカの議会情報委員会もこの件でＦＢＩを追及しなかった。ただしカナダの情報機関とアメリカの情報機関はシリアを通じて協力していたと考えられるため、双方の政府はこの件に関してこれ以上の深入りを避けたともいえる。もし両国の議会が合同でアラルの件を追及すれば、双方のインテリジェンスに大きな打撃を与えることになったのであろう[271]。いずれにしてもアラル事件は、カナダの司法権力が調査介入することによって、アメリカの情報機関による超法規的活動を明らかにしたケースだと言える。

このように国内法制や司法権力によってもインテリジェンスの活動を制御することはある程度可能であるが、国際法の分野においてインテリジェンスはほとんど規制されてこなかった。冷戦中、アメリカはソ連の領空侵犯を侵してまでイミントを収集し、エシュロンは同盟国の通信まで非合法的に傍受している。一方、ＫＧＢやモサドは暗殺や破壊工作に手を染めてきた。現代のテロとの戦いにおいては囚人特別引渡し処置が問題となっている。二〇一〇年にロシアがＥＣＨＲを批准したように、インテリジェンスに対する国際的なルールをヨーロッパの外に拡大していくことも検討されなければならないだろう。

4　報道機関の役割

インテリジェンスの説明義務という観点からすれば、すべての情報は国民に開示されるべきである。しかし実際は、多くの情報が機密として処理され、公開されたとしても歴史文書として三〇年以上保管されたものであることが多い。イギリスのSISに限って言えば、ほとんどの公文書は今も機密として保管されたままとなっているし、前述した「ツィンメルマン事件」の資料はなんと事件から八八年も経ってようやく機密解除となった。アメリカでも機密資料は、たとえ歴史資料であってもインテリジェンス・コミュニティの一部である情報安全保障監督局（ISOO）が厳格に管理することになっている。

機密に対する各国のこのような姿勢は、当時の機密事項が現在の国益にとって有益でないと判断されたためであり、また秘密作戦の内容が暴露された場合、そこに関わったオフィサーやその家族に不利益をもたらすかもしれないからである。二〇〇〇年四月、「ニューヨーク・タイムズ」紙は、CIAとSISによる一九五三年のイラン・モサデク体制の転覆工作に関する資料を独自に入手したが、そこに関わったイラン人協力者やその家族に累が及ぶことを懸念し、個人が特定されないように注意を払った。その逆に「ワシントン・ポスト」紙は二〇〇三年七月、CIAの現役オフィサー、ヴァレリー・プレイム・ウィルソンについて暴露したため、彼女はCIAを辞めざるを得なくなったのである。[272] しかし外交文書の公開基準が二五〜三〇年であることを考慮すれば、機密以外のインテリジェンス関連資料もそれに準じるべきであろう。

政府が機密を守るのは、本当に国益や政府職員に損害を与えるものであるからなのか、もしくは政府が自分たちにとって不都合なものを非公開としているだけなのかの判断が付き難いため、インテリジェンスに対する監視の観点から報道機関の果たすべき役割は小さくない。報道機関は一九七〇年代に米議会によるインテリジェンス監視や、イスラエルの保安機関の行動を抑制するＩＳＡ法制定などに先鞭をつける役割を果たしてきたのである。しかし国家の機密事項を取り扱う情報機関と報道の自由を掲げる報道機関の間に大きなギャップが存在することも事実である。

この問題に最初に取り組んだのはイギリスであった。第一次世界大戦前夜の一九一二年、機密を守りたい軍部と報道の自由を掲げる報道協会が話し合い、お互いの妥協点を探り当てる場としての委員会を設置した。そしてこの委員会は機密として守り報道すべきでない事項を検討し、その事項は「Ｄ通告（Defence-Notice）」（厳密にはＤＡ通告であるが、慣習的にＤ通告と呼ばれることが多い）として分類されることになったのである。こうして第一次大戦中には外交、軍事、インテリジェンス、産業に関する七〇〇通ものＤ通告が発行されている。[273]

Ｄ通告委員会は長年にわたって元軍人を委員長とし、そこに政府や報道機関の委員が加わることで運営されてきたが、実の所、委員会の通告は法律的な拘束力を持っていない。各マスコミは委員会の助言に従って自主的に規制を行うという構図である。従って法律上、政府、マスコミともその気になればＤ通告を無視することもできる。一九六七年、当時のハロルド・ウィルソン首相は個人的な思い込みから、「デイリー・エクスプレス」紙がＤ

通告を破って機密事項を記事にしたと批判し、Ｄ通告委員会に調査を命じた。調査の結果、記事は問題ないとのことであったが、本件は政治スキャンダルにまで発展し、委員長と何名かの委員は抗議の意を込めて辞任している。この事例はたとえ報道機関がＤ通告を破ったとしても、政府はそれに対して法的な手段に出ることができないということを示している。しかし基本的にイギリスの報道機関はＤ通告をよく遵守してきたし、通告が無視されたケースは今の所存在しない。

この通告を破った際のペナルティは特にないとされているが、もしそのような事態が生じた場合、恐らく通告を無視した委員のセキュリティ・クリアランスが剥奪されるものと想像できる。クリアランスがなければ委員会に出席できなくなったり、政府の機密情報にアクセスすることができなくなるため、報道機関は事実上、政府の機密情報を入手することは困難になろう。

現在、Ｄ通告委員会は、軍事作戦計画、核技術、暗号、重要施設、インテリジェンス、保全事項に関する内容を精査している。二〇〇三年のイラク戦争直前には、各報道機関の従軍記者は委員会で兵器などについてのレクチャーも受けている。[274]またこのシステムはオーストラリアやニュージーランドといった旧英連邦諸国でも運用されている。

ただしフリーのジャーナリストであればＤ通告に縛られることはない。インテリジェンス分野のジャーナリストの先駆けとなったチャップマン・ピンチャーは、独自の情報源から数多くのインテリジェンス関連の記事を執筆したし、またソ連側の情報源までも駆使して『裏切りの取引』を一九八一年に上梓し、MI5のホリス長官がソ連側と繋がっていたのではないかとの電撃的な指摘を行った。[275]

この著作は当時MI5のオフィサーであったピーター・ライトにも影響を与え、ライトも六年後に発表した『スパイキャッチャー』において同様の主張を行っている。イギリス政府はこの著作が秘密の暴露にあたるとして、ライトが居住するオーストラリアの裁判所に訴えたが、裁判所の判決はライトの無罪、さらには表現の自由を認めるものであった。イギリス政府はそのため一九八九年に秘密法を改正して、インテリジェンス・オフィサーが暴露本の類を出版することを法律で厳格に禁じたのである。一方、ホリスのスパイ説に対してMI5は長らく沈黙を守っていたが、二〇〇九年にMI5の公式史を出版する形でこれに答えることになる。その判定は白であった。[276]

イギリスではこうしてインテリジェンス機関と報道機関が相互の話し合いに基づいて報道規制を行っているのに対して、アメリカでは両者の関係はそれ程円滑なものではなかった。一九七〇年代までCIAは息のかかったジャーナリストに情報を提供し、反共的な内容の記事を書かせることが多かった。[277]「ニューヨーク・タイムズ」のハーシュ記者がCIAの国民監視の記事を載せた後、フォード大統領は同紙の編集幹部をホワイトハウスに呼び、CIAについての記事を載せないように要請している。[278] インテリジェンスについて、政府と報道機関の間に何らかのコンセンサスがあるわけではなかった。

アメリカでは一九六六年に情報公開法（FOIA）が制定されていたが、その後、一九七一年にベトナム戦争の機密文書（ペンタゴン・ペーパーズ）が「ニューヨーク・タイムズ」紙にすっぱ抜かれたことや、一九七二年のウォーターゲート事件によって、機密情報の公開に関する議論が盛んになる。ポッター・スチュワート最高判事が報道機関による政府の監視を支持したことにより、カーター政権はFOIAに報道機関による政府機関への監視の必要性を追加した。このアメリカの情報公開法は他国にも影響を与え、一九九〇年代までに六〇か国がアメリカの法律を参考とした情報公開法を持つに至っている[279]。

しかしFOIAは、国家安全保障やインテリジェンスに関わる事項の公開を保障するものではない。例えば一九七四年にCIAが行った秘密工作「アゾリアン計画」（報道では「ジェニファー計画」と呼称）は、太平洋の水深約四九〇〇メートルの深海に沈降したソ連海軍の潜水艦「K－129」を引き上げるために八億ドルもの資金を投入し、失敗した作戦であった。翌年二月に「ニューヨーク・タイムズ」のハーシュ記者がこの計画に関する記事を執筆しようとして、CIAから差し止められたのである。その後この一件に関心を持ったジャーナリスト、ハリー・アン＝フィリップが計画に関する情報公開請求を行ったが、CIAはこれを黙殺した。このことから政府が情報公開請求を拒否することが、同作戦に参加した掘削船「グローマー・エクスプローラー」の名前に因んで、「グローマー拒否」と揶揄されるようになったのである。

その後一九九五年四月、クリントン大統領は大統領令によって二五年以上前の政府の公文書をすべて開示するよう命じている。ＣＩＡは機密扱いとされた文書は守り通したが、それでも六六〇〇万ページもの文書を機密解除せざるを得なかった。ところが二〇〇一年の９・11同時多発テロによって逆に政府の機密保持の姿勢が強化されていくことになる。二〇〇二年にはＦＯＩＡに修正条項が加えられ、インテリジェンス・コミュニティへの情報開示請求のハードルが上げられることになった。

また同時多発テロ後、政府組織間での情報共有が進められたが、これは国民への情報開示という点からは後退であった。例えば国務省が扱う機密扱いでない情報であっても、それが国防省やＣＩＡに共有され、機密扱いとなった場合、情報開示が難しくなるのである。そのため機密の総数は全体的に増加していく傾向となった。しかし広く共有された情報は逆に保全を難しくするため、漏洩事案の多発に繋がり、その一部はウィキリークスによって明らかにされることになる。ウィキリークスが報道機関と異なるのは、資料の内容を十分に吟味しないまま大量の情報をウェブ上に公開してしまうため、個人情報などが特定されてしまう恐れがある点である。こうした無差別な情報公開に対してアメリカ政府がどのような対応を見せるのかは今のところ不透明と言える。

以上、アメリカでは政府機関が法律によって報道の自由をコントロールしようと試みてきたが、逆に報道側は数々のスクープによってこれに挑戦してきたのである。最近でも「ニューヨーク・タイムズ」がCIAの秘密尋問監獄やNSAのアメリカ人に対する盗聴行為などについて大々的に報じた。[280] すなわちアメリカでは「規制と暴露」のせめぎ合いによって、インテリジェンス機関と報道機関はある程度の緊張関係の下に置かれているものと考えられるのである。

その他の国々、例えば旧ソ連や中国では報道機関がインテリジェンスについて報じるのはあり得ないことであった。イスラエルでも報道機関は国家の安全保障に関する事項は報じないという暗黙の了解の下にあったが、一九八〇年代にインテリジェンス絡みのスキャンダルが頻発すると、報道の自由を求める報道機関と軍検閲局の対立が先鋭化する。最終的にイスラエル高等裁判所は報道の自由をある程度認める判決を下したため、イスラエルのインテリジェンス・コミュニティはこれに従わざるを得なくなっている。この判決以降、それまで報道機関にとってタブーであったモサドについても報道できるようになり、一九九六年にダニー・ヤトムがモサド長官に就任した際、イスラエルの報道機関はようやくこれをニュースとして報じることができたのである。

戦前の日本では出版法や新聞紙法に基づいた検閲によって言論統制が敷かれていたが、戦後これらの法律は廃止され、憲法二十一条によって表現の自由が規定された。一九六九年の博多駅事件判決によって、報道の自由が憲法の保障の下にあることが確認されており、また一九七八年の西山事件判決では取材方法が合法的なものである限り、取材の自由が認められている。これらの判例によって日本では報道の自由が確立されており、それはインテリジェンスのような分野に対しても適用されるものと考えられる。

第8章　国際関係におけるインテリジェンス

1　バックチャンネル

本章では国際関係におけるインテリジェンスの役割について考察していく。情報外交やインテリジェンス外交という言葉もあるが、これは外交にインテリジェンスを反映させ、困難な状況を打開する、というような意味合いがある。軍事力や経済力のようなハードパワーが外交力の源泉となるように、質の高いインテリジェンスを持つことも大きな意味合いを持つことは言うまでもない。

本章の論点はインテリジェンス組織間の関係が、国際政治にどのような影響を及ぼしてきたのかを考察することにある。かつて高坂正堯は一九世紀のヨーロッパの国際政治における勢力均衡が力と外交のみに依拠しているわけではないことを喝破し、国家間のさまざまな繋がりが国際関係を安定させてきたことを論じている。[281] これは例えば会議において、すべての議題が公式の会議のみによって決まるというものではなく、その舞台裏では人間関係を通じた根回しや裏交渉が時に有効であるのと似ている。

一九一九年のヴェルサイユ条約以降、外交機関による秘密外交の類は歓迎されなくなったため、そのような裏の役割は秘密情報組織に負わされることとなった。これは現代の国際関係を考える上においても重要な視点であり、国際政治学者のマーティン・ワイトは国際システムにおける情報機関同士の関係を、表には見えない国家間の相互依存と捉えた[282]。そもそも近代ヨーロッパにおいては外交官とスパイはほとんど同義なのであり、外交機関と情報機関の発展に伴ってそれぞれが分離していっただけの話なのである。最近では各国の情報機関は外国に設置したリエゾン同士の繋がりを通じて、国際社会にある種の規範を与えているという構成主義的な側面からの検討も見られる[283]。

また冷戦期の核抑止政策は、全くお互いの情報が得られない状態では成り立ち得なかったとも考えられるし、核実験禁止条約や中距離核兵器全廃条約などの規定が遵守されているかを確認するのもインテリジェンスの役割であった。あまり議論されることがないが、冷戦期の米ソ間の軍備管理を進展させるためには、衛星画像による相互チェックというものが不可欠だった。

またインテリジェンス組織同士の関係は、表の外交関係と異なっていても、それに縛られることなく展開できるという点で重宝がられてきた。イギリスを例にとると、対アイルランド共和軍（ＩＲＡ）の情報収集活動のために、イギリスとアイルランドの情報機関は手を結ぶことができたのである。またイギリスは外交面ではアメリカ、欧州、旧植民地のコモンウェルスを等しく重視しているが、インテリジェンス分野では米英の結びつきが圧倒的に強い。何といっても米英が協力するエシュロンは、同盟国であるはずのドイツやフランスの通信をも傍受・解読してきたのである。[284]

第二次世界大戦後、イギリスはアメリカとのインテリジェンスの連携を強めていくことで、アメリカの戦略や外交方針を把握することに努めてきた。アメリカの外交方針を事前に把握できれば、それによって冷戦における米英の一体感を演出できたからである。インテリジェンスは外交よりも相手の本音に近づける分、情報を得ておけば相手がどのような戦略や外交方針を採るかが大よそわかるようになる。一九六二年のキューバ危機や一九八六年のアメリカによるリビア空爆に対するイギリスの迅速な対米支持は、このようなインテリジェンスの共有によるところが大きかった。かのヘンリー・キッシンジャーは、冷戦期のイギリスの外交方針があらゆる面でアメリカと似通っていたことを驚きをもって記しているが、[285]このような一体感の演出はインテリジェンスなしには困難であった。

ただしインテリジェンスによって同盟国の出方を窺っておき、それを表の外交関係に反映させるというやり方がいつも上手くいくとは限らない。例えば一九五六年のスエズ危機に際して、イギリスは外交交渉によってアメリカを説得するのに失敗している。それでも裏ではCIAのチェスター・クーパーと合同情報委員会(JIC)議長のパトリック・デイーンとの強固な繋がりがあり、イギリスから見ればアメリカは内心イギリスの武力介入を許容するのではないかとの観測があったと推察される[286]。そのため実際にイギリスがエジプトに武力介入を行った際、アメリカが対英非難を行ったことは当時のイーデン首相には衝撃であった。これは表よりも裏の関係に頼ってしまったがゆえの失敗でもあったといえる。

いかにインテリジェンスによる裏の繋がりが担保されていても、米英の間で全く軋轢がないというわけではなかったし、肝心のインテリジェンス自体が問題となることもあった。一九七〇年以降のイギリスの首相は、常にアメリカからイミントの供給を打ち切られるかもしれない緊張感の下に置かれていたという[287]。イミントに関してイギリスはアメリカに頼る一方であったため、アメリカから見ればイミントの供給はイギリスを従わせる裏の圧力として行使することができたのである。

二〇〇一年九月十一日の同時多発テロの翌日、リチャード・ディアラヴSIS長官はCIAを訪問して両国の情報協力について確認しており、このような紐帯はその後の「テロとの戦争」における主軸となっていく。しかしこれは二〇〇三年のイラク戦争の際には、イギリスの手を縛る要因となってしまったのである。ただし長い目で見れば、インテリジェンス分野における米英の紐帯は、概ね上手く運営されてきたと言える。

一般論として、表の外交交渉で行いにくい事案では、インテリジェンスを通じた調整が行われることも珍しくない。既述してきたようにインテリジェンスの長は基本的に大統領や首相といった政治指導者とのパイプを有しているため、表で調整し難い案件を話し合う場合、もしくは表の外交関係が機能しなくなった場合の安全弁として、インテリジェンスのルートというものが考えられる。そのため情報機関の任務として、いざという時のために外国機関とのバックチャンネル（裏ルート）を構築しておくことも重要である。西ドイツの対外情報機関ＢＮＤを創設したラインハルト・ゲーレンは、「情報機関にとって、敵側情報機関と情報交換するためのチャンネルをつないでおくことは義務でさえあるといえる」という言葉を残しており、これは傾聴に値する。[288]

一九四〇年十一月、イギリスは当時中立を標榜していたアメリカと密かにシギントを交換することを取り決めている。これはイギリスにとってはアメリカを連合国側に引き込む第一歩であり、アメリカもバックチャンネルであればということで了承した。

冷戦期には東西間のバックチャンネルが重宝された。一九六二年十月にキューバ危機が進展した際、駐ワシントンのソ連国家保安委員会（ＫＧＢ）オフィサー、ジョージ・ボルシャコフがバックチャンネルとしてケネディ大統領とフルシチョフ書記長の間で機能していた。十月六日、フルシチョフはボルシャコフを通じてロバート・ケネディ司法長官に、ソ連がキューバに配備しているのはあくまでもキューバ革命のための兵器であることを強調した。そしてこれに対するケネディ大統領からの回答は、キューバに配備されたアメリカを標的とする中距離弾道ミサイルの写真であった。ケネディはすべてお見通しというわけだったのである。

同じ頃、問題の解決の糸口を探るためにイギリス保安部（ＭＩ５）はソ連とのパイプを有するステファン・ワードを使ってソ連側の意図を探ろうとしていた。しかしワードを使う前にフルシチョフがキューバからミサイルを撤去させたために、このバックチャンネルは活用されなかった。

また一九六五年以降、イギリス・アルゼンチン間でフォークランド諸島の領有権をめぐる外交交渉が行われていたが、七〇年代後半にもなると外交交渉は既に手詰まりに近い状態であり、イギリス側はアルゼンチン軍による不意の侵攻を警戒するようになっていた。実際、アルゼンチンは英領南サンドウィッチ諸島でイギリスに対する挑発行為を行っていたのである。

一九七七年十月、ＪＩＣはアルゼンチンが再び挑発行動を計画しているという情勢判断を下し、これを受けてイギリスのジェームズ・キャラハン首相はアルゼンチンに対する牽制の意味で、フリゲート艦隊と原子力潜水艦をフォークランド近海に派遣するというかなり際どい決定を下したのである。ただし何の通達もなくいきなり艦隊を送ることはアルゼンチン側を過度に刺激するか、もしくは全く気付かれない可能性があり、公式の外交ルートで伝えると事前に抗議を受ける可能性もあったため、キャラハンは熟慮の末、ＳＩＳ長官、モーリス・オルドフィールドを通じて密かにアメリカに艦隊派遣の情報を伝えた。[289]

当時アメリカは反共政策でアルゼンチンと友好関係を築いていたため、キャラハンはこの情報が何らかの形でアルゼンチンに伝えられるものと考えていた。イギリスは艦隊派遣の情報を遠回しにアルゼンチン側に知らせることによって、警告を与えようとしたのである。

こうしてキャラハンはバックチャンネルを通じてアルゼンチンに牽制球を投げ、アルゼンチンの迂闊な挑発行動がイギリスとの戦争を招くという事を警告したのである。これは外相の経験があるキャラハンの外交センスが発揮された事例であろう。ただし彼の後継者となるマーガレット・サッチャーは、そのようなセンスを持ち合わせていなかった。

一九八二年にフォークランド戦争が勃発するとアルゼンチン、イギリス両国と友好関係を持つアメリカは中立を保つかに見えたが、戦争が始まるとアメリカの有するシギントやイミントが速やかにイギリス側に提供された。さらにこのインテリジェンス間の繋がりは表の外交関係にも波及し、結局アメリカは外交面でもイギリスを支持したのである。そして驚くべきことに、ソ連ですらバックチャンネルを通じてイギリスに情報を提供していた。[290]ソ連にとって、アルゼンチン国内で共産主義勢力の弾圧を行うガルチェリ政権の存続は好ましくなかったのである。

一九七七年五月、イスラエルは長年の宿敵であったエジプトと和平交渉の下準備を行うため、まずモサドとエジプト情報機関との繋がりを利用した。両国とも国内の政治情勢や世論に配慮し、いきなり表で外交交渉を始めることを控えたのである。この裏ルートの交渉は実を結び、最終的には外相レベルの会談を経て、同年十一月十九日のサダト大統領による歴史的なエルサレム訪問を導いたのである。

バックチャンネルの存在は、冷戦が熱戦にエスカレートすることも防いできた。例えば一九八三年十一月、米ソ関係が極度に悪化し、キューバ危機の時以上に全面核戦争の可能性が現実化した際、お互いの猜疑心から米ソ間の外交ルートはほとんど機能しなくなっていた。そのため西側はイギリス保安部（MI5）が利用していたソ連国家保安委員会（KGB）のオレグ・ゴルディエフスキーを、東側は東ドイツの情報機関、シュタージが利用していた北大西洋条約機構（NATO）職員のレイナー・ラップを駆使し、核戦争を始める意図がないことを相互に伝えて核戦争の危機を切り抜けている。この時、ゴルディエフスキーがソ連の核ミサイルが一週間から十日以内に発射されるという情報をイギリスの情報機関に伝えたことで、西側は状況が相当切迫していることを悟ったのである。[291]

最近では、二〇〇三年十二月にリビアが核開発計画を放棄しようとした際、リビア政府はまずイギリスの情報機関に接触した。その後、米英の情報機関がリビアを訪問し、計画放棄に至る交渉を行った。[292] その結果、米英や他の西側諸国とリビアの関係は改善し、二〇〇六年にはリビアに対するテロ支援国家指定が解除されたのである。

もちろん外交の二元化や秘密外交の類は好ましくなく、あくまでも外交は民主的に統制された専門の外交機関によって行われるべきである。しかしこれまで述べてきたように、インテリジェンスが表の外交や国際関係に様々な影響を与えてきたこともまた事実である。現実の国際政治は複雑怪奇であるから、必ずしも表向きの外交で全てが解決できるとは限らない。多くの国は何事にも表と裏の交渉は付きものであると考え、いざという時のためにバックチャンネルを用意しているのである。日朝関係などを見ても、日本はこの点ではまだナイーブだといえよう。

2 インテリジェンス協力

冷戦期のインテリジェンス協力

バックチャンネルの繋がりが進展すると、情報組織間のインテリジェンス協力にまで発展することもある。各国は外国にリエゾンを配置しており、基本的なインフォメーションは常に交換している。さらにそこからインテリジェンスの共有、人材の相互交流、分析過程の共有や工作資金、セーフハウス（隠れ家）の提供などの段階があり、その形態は仮想敵国や自国の国益などの条件により様々なものが想定される。また対外情報機関同士、軍事情報部同士、のように個別の情報機関がそれぞれカウンターパートを持つのか、またC

IAとモサドのように一国を代表する情報機関同士が協力するのか、といったような選択肢も存在する。

第一次世界大戦以前からイギリス軍とフランス軍はドイツに関する情報を交換しており、一九一六年以降はそれが公式な国同士の情報協力となる。またイギリスが一九四〇年にアメリカと通信情報の交換を密かに始めたことは既に述べたが、この繋がりは一九四三年のBRUSA協定と一九四六年のUKUSA協定を通じて公式のものとなり、現在の「エシュロン」へと発展している。

インテリジェンス組織は秘密主義的であるがゆえに他組織との情報共有を嫌うため、現実的にはこの手の協力はなかなか進展しない。この分野でインテリジェンスは「ギブ・アンド・テイク」されるのが基本であるが、それは個人間でその都度行われているもので、組織同士が情報収集や分析で常時協力するのは難しい。

一口に情報機関といってもその手法やカルチャーが大きく異なるのが普通である。例えば情報を収集する際にはどのような点を重視するのか、外部組織との情報共有に経験があるのか、そして法体系の違い等さまざまなハードルが存在する。さらに一旦インテリジェンス協力が進んでしまうと、お互いを探り合うことは難しくなってしまう。

そのため国際的なインテリジェンス協力は、これらインテリジェンスに固有の問題をどのように解決できるかにかかっている。情報協力は究極的にはお互いの信頼関係構築によるということになるが、自力で情報を集めるよりも協力によって質の高い情報が得られるのであれば交換する、という選択もある。第二次世界大戦直後、アメリカは機密保持の弱さを理由に西ドイツ、フランスとの情報交換に及び腰であった。しかしその後、アメリカは西ドイツとの情報交換のみを進めることとなった。ドイツのゲーレン機関は当時、東側の情報を積極的に集めていたため、アメリカ側はその情報に価値を見出していたが、逆にフランスはアメリカが必要とする情報をほとんど集めていなかったためである。[293]

　情報協力から生じる波及効果は、単なるインテリジェンス交換以上のものがある。例えば、情報分析の共有によってお互いのもつ分析技術を高めあったり、分析過程を通じて相手のインテリジェンスや政策決定に影響を与えることも可能である。既に述べたように情報分析は仮説の域を出ないことが多いため、他国のインテリジェンスが同じ仮説に辿りついたとすると、分析の信頼度が増すのである。また米英関係を例に取ると、テキントのような情報収集の面ではアメリカが圧倒的に優位にあるが、情報分析や情勢判断の領域となるとイギリスにも活躍の余地がある。そうなるとイギリスは自らの分析結果をアメリカと共有することで、ホワイトハウスに提出されるインテリジェンスに自分達の見解をこっそりと反映させることができるのである。

　さらに情報協力は、情報保全のため秘密保護の強度を上げることや、インテリジェンスの紐帯によって表の外交関係にも影響を及ぼすことなど様々な波及効果が考えられる。この分野でソ連は西側に劣っていた。逆に言えばアングロサクソン諸国はインテリジェンス協力に関してソ連よりも遥かに秀でていたのである。

アメリカはイスラエルとも長年にわたる情報協力関係を維持している。有名な一九五六年のフルシチョフによるスターリン批判の暴露は、イスラエルのモサドからアメリカ中央情報庁（ＣＩＡ）に手渡された情報であった。一方、アメリカはイスラエルに対して当時機密であった衛星写真を提供しており、これが数次の中東戦争で役に立っていた。また西ドイツのゲーレン機関とそれを受け継いだＢＮＤ、南ベトナムやコロンビアとの情報機関とも目的に応じて情報協力の体制を築いていた[294]。日本ともＭＤＡ協定に基づき、情報のやり取りを実施しており、一九八三年の大韓航空機撃墜事件の際には、陸幕第二課調査別室が傍受していたソ連極東空軍の貴重な交信記録がアメリカ側に提供された。

このように情報共有に大きな利点が見いだされれば、インテリジェンス協力も現実的なものとなる。情報機関同士は、①情報を提供してくれる友好国の情報機関の獲得、②情報協力における共通の目的を設定することによる協力関係の具体化、③共有した情報の精査等、によって協力関係を進めていくことになる[295]。

冷戦以降のインテリジェンス協力

現代のグローバル社会において、もはや一国だけでは必要な情報を収集できなくなりつつある。CIAは世界四〇〇の情報機関、イギリス保安部（MI5）には一〇〇もの協力相手がおり、デンマーク保安機関（PET）のような小さな組織であっても八〇ものカウンターパートが存在するという。[296] その中にはかつての敵であったロシアやリビアのものも含まれている。[297] すなわち国際テロやサイバー攻撃など脅威がグローバル化した結果、国ごとに情報を集めるというやり方が古くなりつつある。

MI5長官を務めたスティーブン・ランダーによると、アメリカのインテリジェンスが未だにイギリスを頼る理由としては、イギリスが海外に情報拠点を有し、またアメリカと政治体制や価値観を共有していることも挙げられるが、最大の要因はアメリカですら一国では対応できないということである。[298] またイギリスがカナダやオーストラリアに頼るのも同じような理由だと言える。

逆に旧ソ連のKGBは東欧諸国の情報機関と主従関係を築いていたが、ベルリンの壁崩壊によってこのような関係は崩壊した。ハーマンによると冷戦後のKGBのヒュミント網は少なく見積もっても三割は減少したという。[299]

国際的なインテリジェンス協力が劇的に進んだのは、9・11同時多発テロによってテロとの戦いが明確になったことが最大の理由である。リチャード・アーミテージ国務省副長官が二〇〇二年九月に各国との情報協力について「テロ以降、我々の情報収集、共有は友好、非友好国との情報協力で劇的に改善されたのである」と謳い、カナダの保安情報部

（CSIS）も「この時代に民主主義国の情報機関が単独で活動するなどあり得ない選択だ」と断じたように、今日の国際的なインテリジェンス協力は世界的趨勢となりつつある。[300]国際テロやサイバー分野では、インテリジェンスを国外インテリジェンスと国内カウンター・インテリジェンスに分割する従来のやり方ではなかなか対応できない。なぜならテロリストは自由自在に国々を渡り歩くため、対外インテリジェンスとカウンター・インテリジェンスの連携や外国のインテリジェンス組織との情報協力が不可欠となるからである。

例えば二〇〇三年三月、アルカイダの幹部であったハーリド・シェイク・モハメドがパキスタンで捕えられたが、そのためにはアメリカとパキスタンの情報機関（ISI）同士の協力が必須であった。この時はアメリカがテキントを、パキスタンがヒュミントを担当したのである。[301]最近では対テロ情報収集の必要性から、アメリカはマレーシアやインドネシアといった東南アジア諸国、またサウジアラビアやヨルダンといった中東諸国との情報協力によって、世界大の対テロ情報網を形成している。これらの情報網は国家間の対等な関係というよりは、アメリカを中心とし、その周りに情報協力国を配置するという非対称的なものである。

捜査や対テロといった目的があれば国際的な情報協力は行いやすい。一九九〇年以降、FBIは世界五二か国との捜査協力を実現しているし、近年、日本の捜査機関は刑事相互共助条約によって、米韓中香港EU諸国ロシア（条約締結順）と直接捜査情報のやり取りができるようになった。

ただし情報交換が実現しても、誤った情報が共有されてしまった場合、新たな問題を引き起こすことは特筆しておかなくてはならない。二〇〇三年、アメリカ政府はイラクの大量破壊兵器開発の有力な証拠として、イラクがニジェールからウラン精鉱のイエローケーキを購入したと指摘していた。この情報の出所は元イタリア情報部（ＳＩＳＭＩ）のロコ・マルティノであったが、彼は金銭目当てにこの情報をフランス情報部に売り渡したのである。さらに情報はイギリス情報部を経てアメリカに伝わることになったが、これは誤った内容のものであった。しかしこの一連の過程でどの情報機関もマルティノの情報を精査せず、しかもイタリアの「ラ・レプブリカ」紙に掲載された「マルティノの情報はＣＩＡローマ支部とイタリア情報機関によって確認された」というオープンソースの誤報が各情報機関の確信を強めた。これは国際レベルで各情報機関がストーブパイプに陥っていたことと、時に誤った情報が真実として広く共有されてしまう危険性を示唆しているのである。[302]

現在、インテリジェンスの世界で最も巨大な連合体は、アングロサクソン諸国（アメリカ、イギリス、カナダ、オーストラリア、ニュージーランド）の情報クラブである、「五つの目（５Ｅ）」である。この「５Ｅ」という単語は日本では聞きなれない単語であるが、これは「エシュロン」とほぼ同じ意味合いで使用されている。「エシュロン」はこの情報クラブが地球規模で運営するシギント網であり、世界各国に設置されている通信傍受施設から世界中の電話やメールなどを違法に傍受しては日々情報を収集、分析しているのである。青森県の三沢基地にも傍受施設があり、日本はその貢献によってエシュロンから情報を提供されることもあるとされる。

5E諸国での情報共有は、①オールソース・アナリシスに基づいた情勢判断の共有、②単一の情報源に基づいたインテリジェンスの共有、③生情報、データの共有、④情報収集段階からの協力となり、後者程秘匿度が高くなるため、協力の度合いも高くなる。[303] これは情報収集段階や生情報を共有することにより、その後の分析・評価段階での協力も不可欠となるからであり、逆に言えば分析や評価手法、また情報保全体制が標準化されていないとこの手の協力は難しい。

例えばイギリスでは長らく「機密」を意味する用語として「Most Secret」が使われていたが、アメリカと情報交換のための協定を結んで以降、アメリカ流の「Top Secret」が使われるようになった。また5E諸国間では共通の秘密保全に関する合意が存在し、厳格な秘密保護体制と5E以外の国への情報提供は制限されている。[304] 一九八〇年代にイギリスのインテリジェンス機関は、それまでアメリカのみが導入していたポリグラフ（嘘発見器）検査制度を受け入れている。

ただし5E諸国間の関係は完全に平等なものではなく、まずUKUSA協定を最初に締結した米英が主軸であり、それにオーストラリア、カナダが連なる。ニュージーランドは一九八五年に核を搭載した米艦の入港を猛然と拒否してアメリカと対立、太平洋安全保障条約（ANZUS）から事実上脱落したので5Eの中では外様的な扱いである。さらに準協力国として、ノルウェイ、デンマーク、ドイツ、トルコなどが挙げられる。日本は日米同盟によって長年にわたるアメリカとの親密な協力関係を築いているが、日本がアメリカと共有できる情報は、5Eメンバーのニュージーランドよりもかなり少ないといえる。

5E諸国を除けばあとはフランスを中心にした旧植民地諸国間の協力やロシアと旧ソ連諸国の協力などが挙げられる。また対象を限定すれば、欧州には一九六〇年代に設置されたベルン・クラブが存在し、現在ではイギリスを含む欧州一七か国の防諜機関が年次会議を行い、主にテロや治安情報について情報を交換しており、東南アジアでも同様の協力体制が存在するようである。

日本もこのような国際的なインテリジェンス協力の枠組みに参加していくことを目標としなければならない。日本はアメリカと秘密保護協定を結ぶ際、機密漏洩に関してアメリカの法律に準じた懲役一〇年未満の罰則規定を受け入れているが、この先更なる情報協力を行うためには、日本の機密保護法制やセキュリティ・クリアランスの整備、また欧米でスタンダードとされている分析手法などを取り入れていく必要性があろう。

さらに重要なのは日本のインテリジェンスの質を高め、各国が欲しがるような情報を常に持っておくことである。戦前、日本陸軍はソ連赤軍に関する質の高い情報を有しており、ドイツやポーランドといった国は日本のソ連情報を垂涎の的とした。その見返りとして日本はソ連の暗号解読に必要な技術を伝授された。その一方、ポーランドの暗号解読組織、ビュロ・シフルフは卓越した能力を持っていたため、その技術は日本だけでなく、フランスやイギリスにも提供された。

既述したように、現代の国際社会ではアメリカですら一国では必要とする情報を収集できていない。対テロやサイバー、組織犯罪の分野では各国のインテリジェンスは協力し合っており、アメリカを中心とした国際的な情報網が体系化されつつある。かつてワイトが主張したようなインテリジェンス分野における相互依存が現実的となった。他方、日本は各国の情報機関と形式上連携してはいるが、世界的なインテリジェンス協力の枠組みに参加できていない。日本にとってこの問題は切実であると考えられる。

第9章　日本のインテリジェンス

1　日本のインテリジェンス・コミュニティの概史

戦後、日本は戦前の情報機関が残した人員やノウハウをあまり継承することなしに新たな情報コミュニティの創設に着手した。まずは一九五二年四月にアメリカの中央情報庁（CIA）をモデルにした内閣情報調査室の前身である内閣総理大臣官房調査室が立ち上げられ、また同年七月に国内の共産主義活動を取り締まるという目的から公安調査庁が設置された。[305] これらの組織に警察庁、外務省、防衛庁・自衛隊などが加わり、日本のインテリジェンス・コミュニティが形成されたが、コミュニティを取り纏めるはずの内調にはCIAのような権限やスタッフが与えられることはなく、中央情報機関として機能してきたとは言い難い。元内調室長の大森義夫はその著書の中で、「外務省の公電を見せて貰ったことは一度もない。警察からも重要情報を貰ったことはない」と述べており、[306] 各省庁は内調ではなく、首相秘書官などを通じて官邸に直接情報を伝達していた。

その後、一九八一年にコズロフ事件、八三年にレフチェンコ事件とソ連絡みのスパイ事案が頻発し、日本が「スパイ天国」と揶揄されたことから、一九八五年六月に自民党は議員立法によってスパイ防止法を国会に提出することになる。しかし野党、マスコミ、弁護士会などがこの法案に一斉に反発したために、同法案は廃案に追い込まれた。

翌年には内閣官房長官決裁によって、イギリスの合同情報委員会（ＪＩＣ）を手本とした合同情報会議が設置され、各省庁の持つ情報が会議で共有されることが期待されたが、事務局すら持たなかった合同情報会議が上手く機能することはなかった。こうして内閣官房の中にＣＩＡをモデルとした内調と、ＪＩＣをモデルにした合同情報会議が並存するという状況が出現したのである。

しかし九〇年代末になると、長らく変化のなかった日本のインテリジェンスは改善の兆しを見せることになる。まず一九九七年にそれまで防衛庁の内部部局、統合幕僚会議、陸海空幕僚監部がそれぞればらばらに行っていたインテリジェンスが統合され、情報本部が設置された。情報本部は各部隊からの軍事情報を集約するとともに、シギント、イミントを運用する日本で最大規模を誇るインテリジェンス組織に成長している。

その後一九九八年八月三十一日に北朝鮮の弾道ミサイル、テポドンが日本列島の上空を飛び越えるという前代未聞の事件が発生し、このことは日本の安全保障に大きな懸念を投げかけることになった。この問題に対する政府の対応は早く、同年十二月には閣議決定により情報収集衛星の導入が決定している。これを受け政府は二〇〇一年四月、内調に内閣衛星情報センターを設置し、二〇〇三年三月二十八日に二機の国産情報収集衛星を打ち上げることに成功した。防衛庁情報本部と内閣衛星情報センターの設置は、戦後日本のインテリジェンスにとって一大転機であったといえる。

さらに一九九八年十月二十七日の閣議決定により、内閣官房に内閣官房長官を長とする次官級の内閣情報会議（半年に一度開催）と、内閣官房副長官（事務）を長とする局長級の合同情報会議（隔週開催）が正式に設置されることになり、各省庁の情報が内閣官房で集約・共有される仕組みが整備されていった。

二〇〇〇年以降には、日本のインテリジェンスに対する様々な提言が発表される。その嚆矢となったのは、アメリカのリチャード・アーミテージやジョセフ・ナイら超党派のメンバーが、二〇〇〇年十月十一日に発表した対日外交方針「アメリカと日本：成熟したパートナーシップへの前進」（通称アーミテージレポート）であろう。同レポートは、日米間の情報協力の必要性を強調し、そのために分析面での交流や日本政府内での情報共有の推進、機密法の制定やインテリジェンスに対する監視体制の確立などを提唱しており、かなり具体的な方策に踏み込んだ内容となっている。[307]

二〇〇二年には町村信孝自民党幹事長代理（当時）が纏めた「わが国の情報能力等の強化に関する提言」（通称第一次町村レポート）や、二〇〇四年十月四日には「安全保障と防衛力に関する懇談会」による報告書（通称荒木レポート）などが纏められ、日本のインテリジェンス強化に関する提言が盛り込まれるようになった。[308]

さらに二〇〇五年以降、「四文書」と呼ばれるインテリジェンス提言が次々に発表されることで、インテリジェンス改革に弾みがつくようになる。まず二〇〇五年九月十三日に元内調室長の大森義夫が中心になって外務省の情報機能について取り纏めた「対外情報機能の強化にむけて」（通称大森提言）である。[309]この報告書は外務省の情報能力強化について纏めたものであるが、政府全体の取り組みとして、対外情報機関の設置をも求めている。二〇〇六年六月十九日にはＰＨＰ総合研究所から「日本のインテリジェンス体制―変革へのロードマップ」（通称ＰＨＰ提言）が発表され、改善できるところから改善していくという現実的なロードマップ方式での改革案が提唱された。[310]その三日後には町村信孝元外務大臣を座長とする自民党政務調査会の検討チームが、「国家の情報機能強化に関する提言」（通称第二次町村レポート）を発表している。[311]ＰＨＰ提言、第二次町村レポートともに、内閣の情報集約能力の強化や組織間での情報共有、情報保全体制の強化を同時に訴えており、日本のインテリジェンス体制の問題点が双方で同じように認識されていたことが窺える。

そして安倍政権では塩崎恭久官房長官（当時）を議長とする「情報機能強化検討会議」と事務の内閣官房副長官を議長とする「カウンターインテリジェンス推進会議」が設置され、日本のインテリジェンスに関する検討が行われた。最終的に二〇〇八年二月十四日、大森提言、PHP提言、第二次町村レポートを反映する形で、政府は「官邸における情報機能の強化の方針」(方針)を公表し、[312] 日本のインテリジェンス改革はこの方針に沿って進められることとなった。その概要は、①政策と情報の連携、②収集機能の強化、③情報の集約・分析・共有機能の強化、④基盤整備、⑤情報保全体制の強化である。

その後、①については内閣情報会議における政策と情報の連接、また内閣情報官の重要会議への出席による情報ニーズの把握、②については情報収集衛星の更なる開発と打ち上げや、財務省や海上保安庁、経済産業省等を加えた拡大インテリジェンス・コミュニティの創出、③については内閣情報分析官の設置と情報評価書の作成、[313] ④については各省庁合同の情報分析研修の実施やオンラインでの情報共有システムの整備、⑤については二〇〇八年四月のカウンターインテリジェンス・センターの設置と、翌年四月の政府統一の特別管理秘密や秘密取扱者適格性確認制度の導入として実現された。[314]

また二〇一〇年八月に菅直人首相に提出された「新たな時代における日本の安全保障と防衛力の将来構想」(通称佐藤レポート)においても情報機能の強化策として、①インテリジェンス・サイクルの機能化、②政策サイドと情報サイドの分離、③宇宙やサイバー、人的情報収集の強化、④情報保全の徹底、⑤他国との情報協力の必要性が明記されている。[315]

現場レベルでも二〇一〇年三月二十六日に陸上自衛隊の情報科が職種化された。情報科の要員は語学、ジオイント、シギント、ヒュミント、カウンター・インテリジェンスを任務としており、防衛省・自衛隊のインテリジェンス能力は向上することになろう。

このように一九九〇年代以降、様々なインテリジェンス改革が実施されてきており、今後もさらなる改革が期待されているのである。

2 なぜインテリジェンスが必要なのか

日本のインテリジェンスについて議論する際、よく「わが国にインテリジェンスは本当に必要か」という問いかけを耳にする。確かに戦後、日本は他国に比べるとごく小規模のコミュニティしか持たなかったが、それでも戦後は一度も戦争に巻き込まれることなく、経済的には飛躍的な発展を遂げることができたのである。しかしもう少し大きな視野を持てば、日本は戦後アメリカの核の傘、さらには情報の傘に頼ってきたということになるが、これからもそれが機能していくとは限らない。

そもそも国家の対外政策や安全保障政策にとってインテリジェンスは必要不可欠である。自前の情報があれば政策の選択肢の幅が広まるし、自主的な外交政策や安全保障政策を打ち出すことも可能となる。これまで日本は安全保障情報については同盟国であるアメリカを頼ることができたし、政策サイドはあまりインテリジェンスに関心を払ってこなかった。二〇〇三年のイラク戦争の直前、日本はアメリカからイラクの大量破壊兵器に関する情報を提供されているが、それを独自に精査することができず、アメリカを支援する以外の選択肢は事実上取りえない状況であった。

ただし日本のインテリジェンス・コミュニティを今すぐ拡充したとしてもそれが機能するかどうかは別の問題である。インテリジェンスが活かされるためには、国家としての中長期的な目標、すなわち戦略のようなものが必要となってくる。今後多極化していくであろう国際政治の世界で、日本は自らの立ち位置を自分で決めていく必要性に迫られるであろうし、また国内での自然災害やテロに対する危機管理の分野でも政府がインテリジェンスを使いこなす必要がある。

「情報戦略」という言葉が使われて久しいが、確かに情報と戦略は車の両輪の関係である。戦前の日本は戦略を持ってはいたが、そこにインテリジェンスを活かすことができなかった。例えば松岡洋右外相の日独伊ソ四国協商などはその最たるものであり、いかに壮大な構想があっても情勢判断を無視しては画餅でしかない。また戦後の日本は戦略らしい戦略を持たなかったため、インテリジェンスも必要でなかった。[316]

しかし日本が国益を定義し、そこから中長期的な展望を持つならばインテリジェンスは必ず必要となってくる。政府が一時期検討していた日本版国家安全保障会議（ＮＳＣ）やそのカウンターパートとなるインテリジェンス組織は、日本が戦略を持った上で初めて機能するものなのである。

国際社会に目を移すと、現在、対テロを目的とした各国のインテリジェンス協力が進んでいる。また米英を中心とするエシュロンは堂々と日本の通信を傍受し、アングロサクソン同盟である5E諸国間では機微なインテリジェンスが共有されているのである。対外情報機関も確固とした秘密保全のシステムも持たない日本はこのような協力体制に参加することができず、国際的な潮流から完全に取り残されている。中国人民解放軍内に情報網を構築していた台湾国防部軍事情報局の龐大為は、日本は対外情報機関がないばかりに、台湾、韓国、フィリピン、マレーシア、タイ間の情報協力の輪に入っていけないと指摘している。[317]今やガラパゴス化した日本が対外情報機関を設置するといった誤報ですら世界的なニュースとして取り上げられるという有様である。

外務省で国際情報局長を務めた孫崎享が「(日本が世界の)情報のマフィアに入れ」と主張するように、[318]秘密保全の制度だけでも整備し、今すぐにでも国際的なインテリジェンス協力に参加する必要性はあろう。もちろんインテリジェンスの世界は「ギブ・アンド・テイク」であるから、こちらからも情報を提供しなければならない。日本の強みは自前で運用しているイミントやシギント、国内の公安情報、ラヂオプレスのオシントや東アジア情勢の分析などであるから、これらを提供していけば良いのである。

一方、国内では「戦前のような特高や憲兵を復活させ、国民を監視するのか」、「日本人は農耕民族で村社会を形成してきたので先天的にインテリジェンスには向いていないのでは」といった意見も耳にする。前者に関しては、日本が今必要としているのは国民を監視するような組織ではなく、対外情報収集や収集した情報をきちんと分析できるような組織作りである。もちろんこれまで述べてきたように、情報機関を民主的に統制する手段を確立しておくことも重要である。

後者に関しては、日本のインテリジェンス史を辿っていけば、日本人が先天的に情報に疎かったというわけではないことがわかるはずである。古代から日本は朝鮮半島情勢や大陸の動向に敏感であったし、戦国時代には各大名が情報を駆使して有利に戦おうとした。鎖国体制下の江戸幕府も海外情報を熱心に収集していたのは既述した通りであるし、幕末から明治にかけても政府の中枢は情報の重要性をよく認識していた。

つまり日本が国家インテリジェンスの世界から離れていたのは戦後の一時期だけのことである。戦後日本がインテリジェンスにあまり手を染めてこなかったために、今となってはそれができないような印象を持たれているが、日本はこの分野でようやく歩きはじめたぐらいの存在である。恐らく戦前の活動から言えるのは、日本人は地道な努力が要求される作業、例えば暗号解読や公開情報の収集、情報分析などには向いているということであろう。むしろ課題は縦割り組織の弊害を乗り越え、インテリジェンスを上手く政策決定に活かしていくことなのである。

3　課題と展望

情報の質の向上

日本のインテリジェンスの問題点は情報が「共有されない、上がらない、漏れる」ということであるが、やはり一番の問題としては、「インテリジェンス・サイクルが上手く機能していない」ということになろう。[319]これは政策サイドから情報サイドへの情報要求が上手く機能していない、政策サイドがインテリジェンスそのものにあまり関心を持たない、もしくはインテリジェンスが政策の指針というよりも政治家にとっての知的満足に留まってきたことが原因として考えられる。

カスタマーから情報要求を上手く引き出せないというのはある程度どの国も経験していることであり、日本の場合であれば首相に直結し、中長期的な観点から戦略を検討するような日本版国家安全保障会議（ＮＳＣ）の設置が望まれる。既述してきたようにＮＳＣが設置されれば、そこからインテリジェンス・コミュニティに対して情報要求が出されるし、ＮＳＣという場で政策サイドと情報サイドの緊密な関係が構築されることも期待できる。もちろん首相が外交・安全保障問題に関心を寄せ、首相自身から的確な情報要求が出されることに越したことはない。

政策と情報の関係を改善するためには、情報サイドのトップが政策サイドとのコミュニケーションを図ることで人間関係を円滑にしておくこと、また双方ともにお互いの職務についてよく熟知しておくことを処方箋として述べてきた。現状では内閣情報官が各種重要会議にできるだけ出席し、政策サイドがどのような情報を欲しているのか把握するよう努めており、運用上の改善は進んでいるといえる。

さらに根本的な解決策としては、やはりインテリジェンスの質そのものを高めていく必要性がある。そのためには、情報収集の強化、オールソース・アナリシスによる分析手法の確立、情報共有・集約の必要性、などが考えられる。情報収集の強化については、何よりも日本に欠けているヒュミント主体の対外情報収集機関を立ち上げるのが理想的であるが、昨今の財政事情を考えると「日本版ＣＩＡ」は現実的には難しい。

ただしこれまで日本はインテリジェンスにほとんど予算や人員を割いてこなかったのも事実である。もし欧米並みの比率で予算と人員を投入できるのであれば、控え目に見積もっても人員数千人、予算数百億円程度の新たな組織作りを目指すべきである。いきなり対外情報収集というわけにはいかないだろうから、まずは海外からの亡命者や旅行者からの聞き取り調査や国内外の情報機関との情報交換を任務としてみるのも良いだろう。また内閣官房に公開情報収集・分析を専門とする、オープンソース・センターを立ち上げてみるのも一考である。

分析の強化に関しては、何と言ってもまずは優秀な分析官をできるだけ多く育成することである。もちろん現状でも各省庁は優秀な分析官を抱えているが、欧米に比べると圧倒的に数が少なく、また分析だけを業務としているわけではない。彼らの多くは事務官として採用されており、数年ごとの人事異動で事務的な業務にも就く場合が普通である。内調の内閣情報分析官は少なくとも三年以上その任に就くことになっている[320]が、今の制度では一部の組織を除くと、分析官として採用され、それを長年にわたって続けていくことは難しい。根本的な問題は、日本のインテリジェンスの規模があまりに小さいために十分なキャリアパスを作り出せない事にある。この点でも、コミュニティーの拡充が必要であろう。

少数精鋭といわれるイギリスの合同情報委員会（ＪＩＣ）ですら分析を専門に手掛けるアセスメント・スタッフは四〇名程度とされるが、現在、内閣情報調査室に所属する内閣情報分析官はたった六名であり、スタッフの拡充が期待される。インテリジェンスの分析官に求められる知識の多くは語学や地域研究の分野なので、日本の場合だと国際関係や外国語系の大学院などから人材を供給することもできよう。ただし将来的には理系のバックグラウンドを持った分析官の存在も必要となる。

また分析能力向上のためには、国内外の大学や民間シンクタンクとの意見交換も重要である。これは何度も繰り返し述べてきたように、身内だけの分析だと発想が同質化してしまい、グループ・シンキングの弊害に陥るためである。また大学であれば人材の供給拠点にもなるため、日頃からインテリジェンスとアカデミアの交流を活発化しておくべきである。米英の情報機関も長らくアカデミアとの関係を大切にし、優秀な学生を内々にリクルートしてきた。学者の中にはインテリジェンス出身者も少なくない。さらに日本が国際的なインテリジェンス協力の枠組みに参加できれば、分析のノウハウも学べるし、またこちらから質の低いインテリジェンスを提供するわけにはいかず、相手から提供された情報も精査しなければならなくなるので、必ず分析能力の向上につながるであろう。

集約と共有

政府内における情報の集約や共有については制度的な問題と運用的な問題が混在している。既述したように、情報は組織の中では共有されなければならないが、最終的には一本化されることで質の高いインテリジェンスに昇華されなければならない。戦前、縦割りの弊害から情報を集約することができず、首相に直結するような国家インテリジェンスを生み出すことができなかった反省もあって、戦後、情報集約を目指して内閣情報調査室が設置された。しかし内調も霞が関の縦割りを打破することができず、国家インテリジェンスを取り纏めることができなかったのである。

これは制度上の問題である。内閣官房組織令第四条によって内調の任務は「内閣情報調査室においては、内閣の重要政策に関する情報の収集及び分析その他の調査に関する事務

（各行政機関の行う情報の収集及び分析その他の調査であって内閣の重要政策に係るものの連絡調整に関する事務を含む。）をつかさどる」と定められており、要約すれば「内閣の重要政策に関する情報の収集及び分析と連絡調整」であると理解できる。

しかし国の政策のほとんどは、外交政策ならば外務省、防衛政策ならば防衛省といった具合に各省庁で分担管理される。各省庁の所掌事務からいえば、「インテリジェンス」という分野であっても、外交に関わる情報は外務省、防衛に関わる情報は防衛省・自衛隊、保安情報は警察庁という具合に細切れに分担されているため、内調は分担管理するべき事務を持っていない。

また内調が所属する内閣官房は総合調整と、内閣総理大臣を補佐することを目的としている組織である。その補佐対象である首相にしても、憲法第六五条によって行政権が内閣総理大臣ではなく、閣僚からなる内閣にあると規定されているため、首相の権限というものは極めて限定されている。[321] これは首相に権限を集中させないようにした日本の政治制度の特徴であるが、国家インテリジェンスにとってこれは厄介な問題である。すなわち、「権限を限定された首相を補佐する内閣官房に設置された内閣情報調査室には、連絡調整の権限しか与えられていない」という解釈に辿りついてしまう。

さらに内調で情報を集約しなければならない、と定めた法令も規則もないため、各省庁は内調に情報を提出する義務を感じず、重要な情報は秘書官などを通じて直接官邸に上げる方法を採ってきた。しかしこれでは官邸が雑多な情報で溢れかえってしまい、時として政策決定の妨げになる場合も考えられる。

元々内調が手本にしたCIAも各組織の情報を調整することを任務の一つとしているが、CIAはすべての国家インテリジェンスを担当する権限を持ち、大統領や国家安全保障会議（NSC）に直結しているため、国家情報長官（DNI）が設置されるまでは中央情報機関として他のインテリジェンス組織からの情報を集約することが可能であった。イギリスであれば合同情報委員会（JIC）が所属する内閣府がインテリジェンス・コミュニティに対して人事権と予算権を握っているため、それがJICの情報集約力を高めているといえる。もちろんJICが同輩的協力関係の原則で運営されていることも忘れてはならない。

もし日本で現状を改善しようとするならば、制度面での大幅な改正が必要であり、それは最終的に憲法改正にも関わってくる問題であるので、膨大な議論を積み重ねていかなければならない。そしてそれは恐らく非現実的であろうとの判断から内調は「連絡調整」の権限を利用して、運用面の工夫によって国家インテリジェンスを纏めようとしてきた。

その最たるものが、内閣官房に設置された合同情報会議である。合同情報会議の主目的は、各省庁の局長級の担当者が集まって情報を出し合い、国家インテリジェンスともいえる「情報評価書」を作成することである。実際の作成は内調に属する内閣情報分析官が行

図9　合同情報会議の機能

（出典：内閣情報調査室「我が国の情報機能」2009年2月24日）

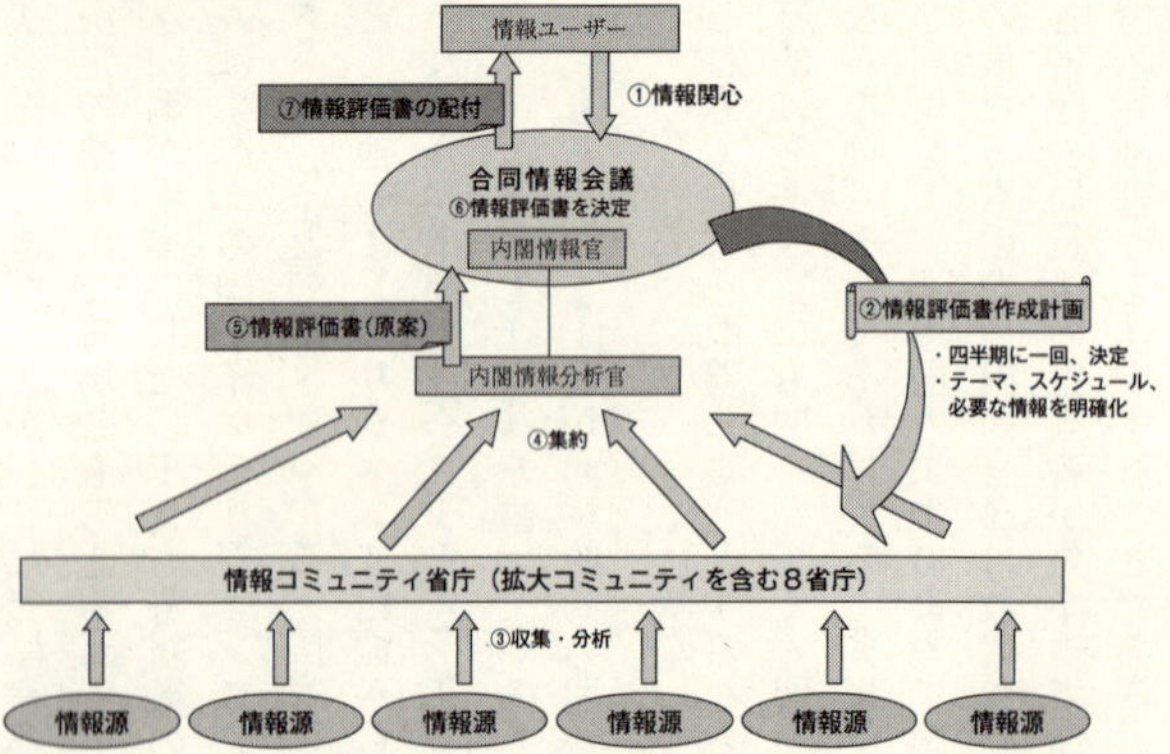

っており、内調は評価書を作成する名目で各組織の情報を集約し、それらを取りまとめ、評価書という形で各省庁にフィードバックすることで、組織間でインテリジェンスが共有されるという仕組みが整備されている。

この過程における内調の役割は、合同情報会議を開催する事務局として各省庁と連絡調整を行うこと、そして情報評価書を作成して関係部局や官邸に配布することである。もちろんこの仕組みですべての情報が共有されているわけではないが、以前に比べると組織間の風通しが格段に良くなったという[322]。すなわち情報評価書作成の重要な役割は、もちろん一義的には国家インテリジェンスを纏め上げることであるが、それ以外にも各省庁間でのコンセンサス形成や情報共有を進めることにもある。

内調は連絡調整業務が重要性を増しているとの判断から二〇一〇年に局次長級の審議官ポストを新設し、各省庁に対する連絡調整機能を高めた。現在の内調は、連絡調整によって各省庁の持つ情報を集約することと、それら情報を纏め上げて情報評価書を生産する組織になりつつある。恐らく今後もこのような運用面でのインテリジェンス強化の方向に進んでいくものと推察されるが、中長期的には内閣官房自体の機能強化や法的整備など制度面の問題も検討されるべきであろう。

保全と監視

いくら情報を集め、質の高いインテリジェンスを生み出していても、それが外部に漏れてしまえば徒労に終わってしまうため、何よりもまず秘密保全と秘密を取り扱う制度が厳格化されなければならない。この制度が確立されないと情報漏洩の懸念に加え、議会による民主的なインテリジェンスの監視や他国との情報協力といった活動も制限されてしまう。

これまで述べてきたように、法的な裏付けのある秘密の設定と秘密保護法の立法化、行政、立法、司法に対する秘密遵守の原則の確立、そしてそれらを取り扱うセキュリティ・クリアランスや物的手続きの制度の導入は不可欠である。既に二〇〇九年に特別管理秘密が導入されたことは述べてきたが、この秘密に関しても明確な法的裏付けや罰則規定があるわけではない。

これら課題に対し「秘密保全のための法制の在り方に関する有識者会議」（座長縣公一郎）は二〇一一年八月八日に報告書を発表し、国の安全、外交、公共の安全及び秩序の維持に関わり、特に秘匿を要する秘密を便宜的に「特別秘密」と呼ぶとしている。秘密保全に関しては新規立法とすること、罰則は五年もしくは一〇年、そして国務大臣等への法律の適用方針等が明記された。またクリアランス制度（本報告書では「適性評価制度」と表現）についてもより踏み込んだ制度設計が提唱されている。[323] 今後はこの方針をいかに現実化していくかであるが、世論の反応や既存の法体系との整合性を慎重に見極めながらの作業が期待される。

カウンター・インテリジェンスに関しては、内閣官房のカウンターインテリジェンス・センターが全体を把握しているようであるが、現場レベルでは公安警察と公安庁との重複がある。また公安警察は法執行機関であるため治安維持が主目的になり、公安庁は破防法に基づいてしか調査を進めることができない。そこで両者の組織を改編、統合して新たにカウンター・インテリジェンスに特化した組織を設置するのも一案である。そしてそのためにはやはりスパイ防止法のようなものを導入して、カウンター・インテリジェンス組織の存在理由や任務を明確に規定する必要があろう。日本国内では「外国人スパイ」というだけではこれを取り締まることができないのである。

もちろんカウンター・インテリジェンス組織は必要以上に自国民を監視するものではな

いし、また行政、立法府によるインテリジェンスの監視制度も整備していく必要がある。行政的な監視はイギリスのように内閣官房内に監査委員のようなものを設置、もしくはアメリカのようにインテリジェンス組織の中に監査委員を送り込むというやり方があるが、日本であれば警察組織を管理してきた公安委員会のような形も考えられよう。

立法府による監視は、議会にインテリジェンス委員会を設置することであるが、メンバーを与党のみにするのか、与野党とするのか、またどの程度の内容にまで立ち入って監視するのか、といった課題が挙げられる。さらに報道機関もどのように国の機密やインテリジェンスに関して取材、報道すれば良いのか考えていかなくてはならない。いずれにしてもまずはセキュリティ・クリアランスの制度を導入しなければこのような監視体制を確立していくことは難しいだろう。

インテリジェンス・リテラシー

最終的にこれらの改革は国民の理解を得て行われなければならない。そのためには国民のインテリジェンスに関する知識（インテリジェンス・リテラシー）が涵養されていくことが望ましい。これはスパイ映画や小説から学術的なインテリジェンス研究まで様々なレベルにおいての「インテリジェンス」が普及していくかどうかにかかっている。幸い、「インテリジェンス」という言葉は一昔前に比べると市民権を得つつあるように思われる。

リテラシーは政府首脳や官僚などインテリジェンスを利用する側にも広く共有されるべきである。中西輝政は、「国民やその代表たる政治家の側のリテラシーの向上は、今日わが国でも盛んになりつつある「国家的な情報機能の整備」という公共政策上の問題をめぐる永田町・霞が関での議論にも不可欠な条件である」と、インテリジェンス改革の議論の下敷きとしてリテラシーが必要であることを論じている。[324] そしてリテラシーの涵養という意味では、これまでインテリジェンスについてどのような決断が下され、どのような結果に終わったのかという過去の教訓に学ぶ必要は大いにある。このような教訓を学術的に明らかにするという意味では、アカデミアの果たすべき役割も重要となってくる。[325]

公務員試験などの科目に、インテリジェンスや情報保全に関する試験科目が加われば、この流れはさらに加速されていくことになろう。韓国でも長年国民のインテリジェンスに対する関心は薄かったが、二〇〇六年に「国家情報論」が国家情報院と軍の試験科目に指定されたことで、今や国内一四の大学で二六ものインテリジェンス関連科目が開設されるまでに至っている。[326]

もちろん米英の大学機関はインテリジェンス研究・教育については遥か先を走っている。米英の大学では国際関係や安全保障、公共政策のコースの一部としてインテリジェンスが教えられているが、インテリジェンスに特化したコースも見られる。[327] 日本でもようやく細々とではあるが、幾つかの大学でインテリジェンスの講座が開かれるようになった。また北岡元『インテリジェンス入門』（二〇〇三年）、小林良樹『インテリジェンスの基礎理論』（二〇一一年）、マーク・ローエンタール（茂田宏監訳）『インテリジェンス』（二〇一一年）など日本語で書かれた初学者用のテキストも充実しつつあり、研究・教育面でのさらなる進展が期待されている。

あとがき

本書の内容は、これまで様々な場所で行ってきたインテリジェンスに関する講義や講演を基にしている。最初の段階では理論を重視したテキストを執筆するつもりであったが、作業を怠けている間に本文でも紹介した小林良樹『インテリジェンスの基礎理論』やマーク・M・ローエンタール『インテリジェンス』が立て続けに出版されたため、アメリカ流の理論志向のテキストはそちらに任せることにし、こちらは「国家がインテリジェンスを活かすにはどうすれば良いのか」というテーマを、歴史や事例を重視するイギリス流のアプローチで描いてみることにした。

北岡伸一東京大学教授が「教科書を書くにはおそらく二通りの方法がある。一つは若いうちに、一気呵成に怖いもの知らずに書くものであり、もう一つは長年の経験を経て、じっくり書くものである」と書いておられるが、本書は典型的な前者の例である。勢いで書いてしまったため、テキストとしては舌足らずなところがあるかもしれないが、私なりに幾つか工夫した点もある。

これまで欧米では膨大な数のテキストが出版されているが、我々日本人にとって不満なのは、当然のことながらどれも欧米の読者を想定しているため、これからインテリジェンスを学ぼうとする日本の初学者にはとっつき難いことである。本書はまずこの点を意識し、なるべく日本の事例を取り上げるよう心がけた。また秘密保全については、議論するまでもない前提ということで、欧米のテキストではあまり扱われないが、我が国ではこの点についても言及しておく必要があると思い、秘密保全や法律の問題にも稿を割いている。さらにインテリジェンスの倫理の問題や国際的なインテリジェンス協力については、学界などでもごく最近になって議論されていることであり、できるだけそれらを盛り込むようにした。

本書の執筆過程では数えきれない方々にお世話になった。特に中西輝政京都大学教授とマイケル・ハーマン、ノッティンガム大学教授には、インテリジェンスを論じるための「いろは」についてご指導をいただき、外務省の北岡元、慶應義塾大学の小林良樹、そしてPHP総研の金子将史の各氏からは本書の草稿に対する貴重なコメントを頂戴した。さらに私の講義や講演でいただいた様々な意見も本書の糧となっていることを記しておかなくてはならない。

最後に、筑摩書房の湯原法史、平野洋子の両氏には出版に際してひとかたならぬご尽力をいただいた。

ここで改めて、お世話になったすべての皆様に対してお礼を申し上げたい。

二〇一一年　十月

小谷　賢

313　内閣情報調査室「日本の情報機能」（2009年2月24日）。
http://www.kantei.go.jp/jp/singi/ampobouei2/dai4/siryou1.pdf
314　http://www.cas.go.jp/jp/seisaku/counterintelligence/pdf/basic_decision_summary.pdf
315　http://www.kantei.go.jp/jp/singi/shin-ampobouei2010/houkokusyo.pdf
316　孫崎、207-28頁。
317　野嶋剛「中国スパイへの『鎮魂』」（『g2』vol.5（2010年9月））、87頁。
318　孫崎、79-87頁。
319　金子将史「官邸のインテリジェンス機能は強化されるか―鍵となる官邸首脳のコミットメント」（『PHP Policy Review』Vol.2 No.6 2008.2.29）、金子将史「日本におけるインテリジェンス改革の動向」（『インテリジェンス・レポート』第20号　2010年5月）等を参照。
320　内閣情報調査室「日本の情報機能」。
321　中西寛「情報と外交」（『国際問題』No.600、2011年4月）、22-3頁。
322　金子「日本におけるインテリジェンス改革の動向」、62頁。
323　http://www.kantei.go.jp/jp/singi/jouhouhozen/dai3/siryou4.pdf
324　中西輝政『情報亡国の危機―インテリジェンス・リテラシーのすすめ』（東洋経済新報社　2010）、221頁。
325　金子「官邸のインテリジェンス機能は強化されるか」、8頁、中西輝政「日本におけるインテリジェンス研究のために」（中西・小谷編『インテリジェンスの20世紀』）、1-13頁。
326　ヨム・ドンチェ「韓国における国家インテリジェンス研究―過去、現在、そして未来―」（『国家情報研究』第1巻1号　2008年夏創刊号）（ハングル表記）。この資料は楠公一氏のご厚意による。
http://www.kanis.or.kr/sample/down.php?bbs_id=magazine_search&kbbs_doc_num=2&file=1
327　小林良樹「米国の大学院におけるインテリジェンス研究及び教育の状況」（『警察学論集』第60巻第3号、2007年3月）。

Vol.1. (Routledge 2007), p. 85.

290 Herman, *Intelligence Power in Peace and War*, p. 213.

291 Andrew, *The Defence of the Realm*, p. 722.

292 Reveron, p. 461.

293 James Walsh, *The International Politics of Intelligence Sharing* (Columbia University Press 2010), p. 133.

294 Walsh, pp. 66–84.

295 Reveron, p. 460.

296 Aldrich, "Intelligence Co-operation versus Accountability", p. 35.

297 Herman, "Ethics and Intelligence after September 2001", pp. 387–8.

298 Stephan Lander, "International intelligence Co-operation"Andrew (eds.), pp. 145–6.

299 Herman, *Intelligence Power in Peace and War*, p. 204.

300 Reveron, p. 455; Svendsen, p.725.

301 Walsh, pp. 3–4.

302 Aldrich, "Intelligence Co-operation versus Accountability", pp. 38–9.

303 Lander, p. 150.

304 Herman, *Intelligence Power in Peace and War*, pp. 210–1.

第９章　日本のインテリジェンス

305 北岡元「戦後日本のインテリジェンス—歴史的経緯と現状での課題」（中西・小谷編『インテリジェンスの 20 世紀』）、161–7 頁。

306 大森『日本のインテリジェンス機関』、37 頁。

307 *INSS Special Report, The United States and Japan: Advancing Toward a Mature Partnership* (11 October 2000).
http://homepage2.nifty.com/moru/lib/nichibei-anpo/pdf/INSS%20Special%20Report.pdf

308 http://www.kantei.go.jp/jp/singi/ampobouei/dai13/13siryou.pdf

309 http://www.mofa.go.jp/mofaj/press/release/17/pdfs/rls_0913a.pdf

310 http://research.php.co.jp/research/risk_management/policy/data/seisaku01_teigen33_00.pdf

311 http://www.tokyo-jimin.jp/kobo/goikenban/goikenban40.html

312 http://www.kantei.go.jp/jp/singi/zyouhou/080214kettei.pdf

http://www.statewatch.org/cia/documents/working-doc-no-9-feb-07.pdf

269 Ian Leigh, "The accountability of security and intelligence agencies", p. 76.

270 ハットン報告書については以下を参照：
http://www.the-hutton-inquiry.org.uk/content/report/index.htm

271 Aldrich, "Intelligence Co-operation versus Accountability", pp. 40-1.

272 Richard Aldrich, "Regulation by Revelation?", Robert Dover and Michael Goodman, *Spinning Intelligence* (Hurst & Company 2009), p. 32.

273 Nicholas Wilkinson, "Balancing National Security and the Media, The D-Notice Committee", Dover, *Spinning Intelligence,* pp. 136-7.

274 Wilkinson, p. 144.

275 Chapman Pincher, "Reflections on a Lifetime of Reporting on Intelligence Affairs", *Spinning Intelligence,* pp. 160-3.

276 Andrew, *The Defence of the Realm,* pp. 516-21.

277 Aldrich, "Regulation by Revelation?", Spinning Intelligence, p. 21.

278 ワイナー、『ＣＩＡ秘録』(下)、134-5頁。

279 Aldrich, "Regulation by Revelation?", p. 15.

280 *The New York Times* (4 November 2005).

第８章　国際関係におけるインテリジェンス

281 高坂正堯『古典外交の成熟と崩壊』(中央公論新社　1978)、38-48頁。

282 Martin Wight, *Systems of States* (Leicester UP 1977), p. 30.

283 Adam Svendsen, "Connecting Intelligence and Theory: Intelligence Liaison and International Relations", *Intelligence and National Security,* Vol. 24, No. 5 (October 2009).

284 Aldrich, *GCHQ,* p. 7.

285 Henry Kissinger, *Years of Upheaval* (Weidenfeld and Nicolson 1982), p. 140.

286 Chester Cooper, *The Lion's Last Roar* (Haper&Row 1978), pp. 158-9.

287 Herman, *Intelligence Power in Peace and War,* p. 216.

288 ラインハルト・ゲーレン (赤羽龍夫訳)『諜報・工作――ラインハルト・ゲーレン回顧録』(読売新聞社 1973)、123頁。

289 Lawrence Freedman, *The Official History of the Falklands Campaign,*

年）、258-9頁。

253 Christopher Andrew, "Intelligence, International Relations and 'Under-theorisation'", *Intelligence and National Security,* Vol. 19, No. 2 (Summer 2004), p. 171.

254 ピーター・ライト、ポール・グリーングラス（久保田誠一監訳）『スパイキャッチャー』（朝日新聞社　1987）、291-401頁。ただし2009年に出版されたＭＩ５の公式史はライトの説を否定している。Andrew, *The Defence of the Realm,* pp. 508-12.

255 Mark Phythian, "Intelligence oversight in the UK: The case of Iraq", Johnson, *Handbook of Intelligence Studies,* pp. 301-2.

256 *Intelligence and Security Committee Annual Report 2002-2003* (HMSO 2003), Cm, 5837, para 66.

257 Richard Aldrich, "Intelligence and Iraq", Andrew, *Secret Intelligence,* p. 236; Peter Gill, "Evaluating Intelligence Oversight Committees: The UK Intelligence and Security Committee and the 'War on Terror'", *Intelligence and National Security,* Vol. 22, No. 1 (February 2007), p. 33.

258 Aldrich, *GCHQ,* pp. 530-1.

259 Ian Leigh, "The accountability of security and intelligence agencies", Johnson, *Handbook of Intelligence Studies,* p. 74.

260 ローエンタール、256頁。

261 Leigh, "The accountability of security and intelligence agencies", p. 71.

262 G. R. Weller, "Political Security and Control of Scandinavian Security and Intelligence Services", *International Journal of Intelligence and Counterintellignece,* Vol. 13, No. 2 (2000), p. 175.

263 Ian Leigh, "Accountability of security and intelligence in the united kingdom", *Who's Watching the Spies?,* p. 79.

264 *European Court of Human Rights* (English):
http://www.echr.coe.int/NR/rdonlyres/D5CC24A7-DC13-4318-B457-5C9014916D7A/0/ENG_CONV.pdf

265 Davies, "Britain's Machinery of Intelligence Accountability", p. 149.

266 *TDIP Working Document No. 9:*
http://www.statewatch.org/cia/documents/working-doc-no-9-feb-07.pdf

267 Aldrich, "Intelligence Co-operation versus Accountability", p. 47.

268 *TDIP Working Document No. 8:*

National Security, Vol. 24, No. 3 (June 2009), pp. 37-8.

第７章　インテリジェンスに対する統制と監視

240　Lowenthal, p. 270.

241　Bjorn Muller-Wille, "Improving the Democratic Accountability of EU Intelligence", *Intelligence and National Security,* Vol. 21, No. 1 (February 2006).

242　West, *Historical Dictionary of British Intelligence,* p.194; Philip Davies, "Britain's Machinery of Intelligence Accountability: Realistic Oversight in the Absence of Moral Panic", Daniel Baldino (ed.), *Democratic Oversight of Intelligence Services* (The Federation Press 2010), p. 146.

243　West, *Historical Dictionary of British Intelligence* (Oxford: The Scarecrow Press 2005), p. 417; SISの公式ウェブサイト：
http://www.sis.gov.uk/output/sis-in-government.html

244　Cabinet Office, *National Intelligence Machinery:*
http://www.cabinetoffice.gov.uk/sites/default/files/nim-november2010.pdf

245　Davies, "Britain's Machinery of Intelligence Accountability", p. 133.

246　Ian Leigh, "The accountability of security and intelligence agencies", Hans Born, Loch Johnson and Ian Leigh (eds.), *Who's Watching the Spies?* (Potomac Books Inc. 2005), p. 79.

247　日本におけるこの分野の研究としては以下のようなものがある。奥田泰広「インテリジェンス・オーバーサイトの国際比較―アメリカ、ヨーロッパ、カナダにおける立法府による監査」（戦略研究学会編『戦略研究７』2009年）。新田「インテリジェンス活動に対する監査（oversight）制度」、川合秀幸「インテリジェンス機関「民主的統制」の研究」（『軍事研究』2007年7月号別冊『ワールド・インテリジェンス』Vol. 7）。

248　Rhodri Jeffreys-Jones, *The CIA and American Democracy, 3rd edition* (Yale University Press 2003), pp. 197-8.

249　Ian Leigh, "More Closely Watching the Spies: Three Decades of Experiences", *Who's Watching the Spies?,* pp. 3-4.

250　新田、66頁。

251　*The Washington Post* (23 January 2009).

252　東京財団政策研究報告『オバマ政権の主要高官人事分析』（非売品 2010

国際問題研究所編『米国の諜報体制と市民社会に関する調査』2003年)。

221 Keith Jeffery, *MI6: The History of the Secret Intelligence Service 1909-1949* (Bloomsbury Publishing 2010), pp. 692-5.

222 服部龍二『日中歴史認識「田中上奏文」をめぐる相克 1927-2010』(東京大学出版会　2010)。

223 William Daugherty, "The Role of Covert Action", Johnson, *Handbook of Intelligence Studies*, p. 282.

224 Richelson, *The US Intelligence Community*, p. 533.

225 Andrew, *The Defence of the Realm*, p. 499.

226 黒井文太郎『日本の情報機関』(講談社　2007)、173-7頁。

227 Norman Polmar and Thomas B. Allen, *Spy Book* (Greenhill Books 1997), p. 505.

228 ウィリアム・スティーヴンスン(寺村誠一訳)『暗号名イントレピッド』(早川書房　1978)。Thomas Mahl, *Desperate Deception* (Brassey's 1999); Nigel West and William Stephenson, *British Security Coordination* (Little, Brown & Company 1998).

229 ローエンタール、344頁。

230 ティム・ワイナー(藤田博司・山田侑平・佐藤信行訳)『ＣＩＡ秘録』(上)(文藝春秋　2008)、180-4頁。春名幹男『秘密のファイル―ＣＩＡの対日工作(下)』(新潮文庫　2000)、262-90頁。

231 Christopher Andrew and Vasili Mitrokhin, *The Mitrokhin Archive II* (Allen Lane 2005), pp. 299-300.

232 *New York Times* (January 15, 2011).

233 Nigel West, *Historical Dictionary of British Intelligence* (The Scarecrow Press 2006), pp. 495-6.

234 Ephraim Kahana, *Historical Dictionary of Israeli Intelligence* (Scarecrow Press 2006), pp. 305-6.

235 Mark Seaman, *Operation Foxley* (PRO publication 1998).

236 ローエンタール、339頁。

237 Toni Erskine, "As Rays of Light to the Human Soul", *Intelligence and National Security*, Vol. 19, No. 2 (June 2004), pp. 365-6.

238 Michael Herman, *Intelligence Services in the Information Age* (Frank Cass 2002), pp. 216-20.

239 Stefan Brem, "Special Ethics for Special Services?", *Intelligence and*

202　永野秀雄「包括的『国家機密法』の制定を急げ」(『正論』平成19年6月号)、272頁。

203　中尾克彦「米国における安全保障情報等に関する人的保全制度（1）—セキュリティクリアランス制度を中心として—」(『警察学論集』第60巻第3号)、71頁。

204　平城弘通『日米秘密情報機関』(講談社　2010)、306頁。

205　小林良樹『インテリジェンスの基礎理論』(立花書房　2011)、119頁。

206　Frederick Wettering, "Counterintelligence" Andrew (eds.), *Secret Intelligence*, p. 295.

207　Derek Reveron, "Old Allies, New Friends: Intelligence Sharing in the War on Terror", *Orbis* (summer 2006), p. 457.

208　Wettering, p. 295.

209　Hayden Peake, "OSS and Venona Decrypts", Johnson (eds.), *Strategic Intelligence*, p. 318.

210　Frederick Wettering, "Counterintelligence: The Broken Triad", Johnson, *Strategic Intelligence*, p. 327.

211　ロードリ・ジェフリーズ＝ジョーンズ（越智道雄訳）『ＦＢＩの歴史』(東洋書林　2009)、267頁。

212　Wettering, p. 299-300.

213　ダレス、361頁。

214　青木理『日本の公安警察』(講談社現代新書　2000)、127-36頁。

215　Christopher Andrew, *The Defence of the Realm: The Authorized History of MI5* (Allen Lane 2009), p. 256.

216　R. V. Jones, p. 422.

217　E. D. R. Harrison, J. C. "Masterman and the Security Service, 1940-72", *Intelligence and National Security*, Vol. 24, No. 6 (December 2009), p. 771.

218　Michelle Van Cleave, "Counterintelligence and National Strategy", *School for National Education* (April 2007), p. 8.

第６章　秘密工作

219　Abram Shulsky and Gray J. Schmitt, *Silent Warfare: Understanding the World of Intelligence* (Potomac Books 2002), pp. 171-5.

220　新田紀子「インテリジェンス活動に対する監査（oversight）制度」(日本

第５章　情報保全とカウンター・インテリジェンス

185　ＡＳＩＯウェブサイト：http://www. asio.gov. au/

186　フレッド・ラストマン（朝倉和子訳）『ＣＩＡ株式会社』（毎日新聞社　2003）、167 頁。

187　*The Guardian,* (22 July 2009).

188　*The Times,* (1 December 2007).

189　太田文雄『インテリジェンスと国際情勢分析』（芙蓉書房出版　2007）、41 頁。

190　スタニスラフ・レフチェンコ『KGB の見た日本—レフチェンコ回想録』（日本リーダーズダイジェスト社　1984）、258 頁。ただしわが国では外為法や不正競争防止法によって産業情報の漏洩をカバーしている。

191　外事事件研究会編『戦後の外事事件—スパイ・拉致・不正輸出』（東京法令出版　2007）、186-205 頁。

192　警察庁「平成 20 年の警備情勢を顧みて〜回顧と展望〜」（『焦点』第 277 号　平成 21 年 2 月）、25 頁。

193　ビクター・オストロフスキー、クレア・ホイ（中山善之訳）『モサド情報員の告白』（ＴＢＳブリタニカ　1992）、366 頁。

194　Cabinet Office, *HMG Security Policy Framework,* vol. 4 (May 2010).

195　「官報號外　昭和 16 年 2 月 28 日　第 76 回帝国議会　貴族院議事速記録第 20 號」『帝国議会　貴族院議事速記録　67』（東京大学出版会　1984 年）、257-8 頁。

196　陸軍省「防諜の参考　昭和 13 年 9 月」（防衛研究所史料室）。

197　郡祐一『日米相互防衛援助協定等に伴う秘密保護法精義』（柏林書房　1954 年）、67-83 頁。

198　Massimo Calabresi, “WikiLeaks’ War on Secrecy: Truth’s Consequences”, *Time Magazine* (2010 Dec. 2).

199　秘密保全のための法制の在り方について：
http://www.kantei.go.jp/jp/singi/jouhouhozen/dai3/siryou4.pdf

200　中尾克彦「米国における安全保障情報等に関する人的保全制度（４）—セキュリティクリアランス制度を中心として—」（『警察学論集』第 60 巻第 6 号）、146 頁。

201　ダレス、371 頁。

INTELLIGENCE ASSESSMENTS ON IRAQ by SELECT COMMITTEE ON INTELLIGENCE UNITED STATES SENATE (July 7, 2004), pp. 277-9.

169 アレックス・カペラ（牧野洋訳）『ランド 世界を支配した研究所』（文藝春秋 2008）、116 頁。

170 Herbert Meyer, *Real World Intelligence* (Weidenfeld & Nicolson, 1987), p. 88.

171 Walter Laqueur, *The Uses and Limits of Intelligence* (Transaction Publishers 1993), p. 10.

172 Betts, p. 80.

173 小谷賢「日本陸軍の対ソ連インテリジェンス」（中西・小谷編『インテリジェンスの 20 世紀』）。

174 Betts, pp. 76-7.

175 Richard Aldrich, "Intelligence and Iraq", Andrew (eds.), *Secret Intelligence*, p. 240.

176 Michael Smith, *The Spying Game* (Pimlico 2003), pp. 233-4.

177 James A. Barry, Jack Davis, David D. Gries and Joseph Sullivan, "Bridging the Intelligence-Policy Divide", CIA (May 2007).
https://www.cia.gov/library/center-for-the-study-of-intelligence/kent-csi/vol37no3/pdf/v37i3a02p.pdf

178 Treverton, *Reshaping National Intelligence*, p. 191.

179 杉田一次『情報なき戦争指導』（原書房 1987）、323 頁。

180 情報機能強化検討会議「官邸における情報機能の強化の方針」
http://www.kantei.go.jp/jp/singi/zyouhou/080214kettei.pdf

181 Herman, *Intelligence Power in Peace and War*, pp. 143-4.

182 Dennis M. Gormley, "The Limits of Intelligence: Iraq's Lessons", *Survival*, Vol. 46, No. 3 (Autumn 2004), pp. 21-2. ゴームリーによると、情報収集はイミントの強化が好ましく、分析はより科学的な手法による形式化、外部識者との協力、またその他にも他国との協力やオシントの活用などが挙げられている。

183 Percy Cradock, *Know Your Enemy: How the Joint Intelligence Committee Saw the World* (John Murray 2002), p. 296.

184 W. リップマン（掛川トミ子訳）『世論（下）』（岩波文庫 1987）、240-1 頁。

145　デヴィッド・ハルバースタム（山田耕介・山田侑平訳）『ザ・コールデスト・ウィンター　朝鮮戦争』（上）（文藝春秋　2009）、68頁。

146　小谷賢『モサド：暗躍と抗争の六十年史』（新潮選書　2009）、210-20頁。

147　Jack Davis, "Why Bad Things Happen to Good Analysis", George (eds.), *Analyzing Intelligence,* p. 161.

148　Lawrence Freedman, *The Official History of the Falklands Campaign, vol.1* (Routledge 2005), pp. 218-22.

149　Treverton, *Reshaping National Intelligence,* pp. 198-9.

150　岡崎、287頁。

151　ハルバースタム、82頁、436-8頁。

152　Gregory Treverton, "Intelligence Analysis: Between (Politicization) and Irrelevance", *Analyzing Intelligence,* pp. 93-4.

153　Shlomo Gazit, "Intelligence Estimates and the Decision-Maker", Johnson (eds.), *Strategic Intelligence,* p. 127.

154　Nye, "Peering Into the Future", p. 91.

155　Treverton, *Reshaping National Intelligence,* p. 182.

156　Richard Betts, *Enemies of Intelligence* (Columbia University Press 2007), p. 74.

157　西垣通『基礎情報学』（ＮＴＴ出版　2004）、26頁。

158　May, *Strange Victory,* p. 458.

159　Michael Handel, (ed.), *Leaders and Intelligence* (Routledge 1989),pp. 4-6.

160　ダレス、398-9頁。

161　Lowenthal, pp. 187-9.

162　Treverton, *Reshaping National Intelligence,* pp. 177-8.

163　Michael Handel, "Intelligence and the Problem of Strategic Surprise", Richard Betts and Thomas Mahnken (eds.), *Paradoxes of Strategic intelligence* (Routledge 2003), p. 27.

164　K. L. Gardiner, "Squaring the circle", Andrew (eds.), *Secret Intelligence,* pp. 131-2.

165　Geroge Shultz, *Turmoil and Triumph: My Years as Secretary of State* (Charles Scribner's Sons 1993), p. 595, p. 619.

166　Hulnick, p. 965.

167　大森義夫『日本のインテリジェンス機関』（文春新書　2005）、85頁。

168　*REPORT ON THE U.S. INTELLIGENCE COMMUNITY's PREWAR*

Matters to Intelligence", George (eds.), *Analyzing Intelligence*, pp. 185–6.

129 具体的な手法については様々な書籍が出版されているが、以下の二点は簡潔で読みやすい。北岡『仕事に役立つインテリジェンス』、Morgan Jones, *The Thinker's Toolkit* (Three Rivers Press 1995).

130 James Blight and David Welch (eds), *Intelligence and the Cuban Missile Crisis* (Frank Cass 1998).

131 高橋英雅「競合仮説分析（Analysis of Competing Hypotheses）は情報分析手法としてどこまで有効か—真珠湾攻撃直前における米太平洋艦隊の情報分析を事例に—」(『情報史研究』第三号、2011年6月)、59–69頁。

132 Select Committee on Intelligence U.S. Senate, *Attempted Terrorist Attack on Northwest Airlines Flight* 253, (May 24, 2010) p. 9.

133 Marrin, pp. 37–52.

134 ウィリアムソン・マーレー（森本清二郎訳）「第二次世界大戦におけるイギリスのインテリジェンスと21世紀のインテリジェンス」(『年報　戦略研究』第5号　2007年11月)、162頁。

135 CIA, *A Tradecraft Primer*, p. 32.

136 Dennis Gormley, "The Limits of Intelligence: Iraq's Lessons", *Survival*, vol. 46, no. 3, (Autumn 2004), p. 10.

137 ブッシュ、35頁。

138 ヘロドトス（松平千秋訳）『歴史（下）』(岩波文庫　1971)。

139 情報の失敗の事例に関しては以下に詳しい。ジョン・ヒューズ＝ウィルソン（柿本学佳訳）『なぜ、正しく伝わらないのか』(ビジネス社　2004)、Walton, *Challenges in Intelligence Analysis*.

140 Christopher Andrew, *Secret Service* (Heinemann 1985), p. 398; Wesley Wark, *The Ultimate Enemy: British Intelligence and Nazi Germany, 1933–1939* (I.B.Tauris & Co. Ltd. 1985), pp. 210–1; ウィリアムソン・マーレー「第13章　帝国の崩壊—イギリスの戦略1919～1945年」『戦略の形成　下』(中央公論新社　2007)、107頁。

141 Christopher Andrew & Oleg Gordievsky, *KGB*, pp. 583–4.

142 Christopher Andrew, *Mitrokhin Archive*, p. 512.

143 小谷賢「イギリス情報部の対日イメージ1937–1941—情報分析と現実とのギャップ」(『国際政治』第129号、2002年2月)。

144 Ernest May, *Strange Victory: Hitler's Conquest of France* (Hill and Wang 2000), pp. 347–61.

KGB in Europe and the West (New York: Penguin books 2000), pp. 125–6.
111 Timothy Walton, *Challenges in Intelligence Analysis: Lessons from 1300 BCE to the Present* (Cambridge University Press 2010), p. 9.
112 Richard Kerr, "The Track Record: CIA Analysis from 1950 to 2000", George (eds.), *Analyzing Intelligence,* p. 39.
113 Joseph Nye Jr., "Peering into the Future", *Foreign Affairs,* Vol. 73, No. 4 (July/August 1994).
114 孫崎享『情報と外交』(ＰＨＰ研究所　2009)、79頁。
115 松村劭『オペレーショナル・インテリジェンス―意思決定のための作戦情報理論』(日本経済新聞社　2006)、84頁。
116 Winston Churchill, *The Second World War, vol.III* (Cassell & Co. Ltd. 1950), p. 539.
117 Walter Laqueur, *A World of Secrets: The Uses and Limits of Intelligence* (Basic Books 1985), p. 322.
118 樋口季一郎「北方情報業務に関する記録」(防衛研究所史料室)。
119 岡崎久彦『岡崎久彦の情報戦略のすべて』(ＰＨＰ研究所　2002)、319頁。
120 Treverton, *Reshaping National Intelligence,* p. 209.
121 ローエンタール、149頁。
122 Richards J. Heuer Jr., "Limits of Intelligence Analysis", *Orbis,* vol. 49, No. 1, (Winter 2005), pp. 75–94; Heuer, *Psychology of Intelligence Analysis* (Center for the Study of Intelligence), pp. 111–3.
123 Walton, p. 144.
124 Stephen Marrin, *Improving Intelligence Analysis: Bridging the gap between scholarship and practice* (Routledge 2011), pp. 42.
125 構造的分析技法については以下に詳しい。Richards Heuer Jr. and Randolph Pherson, *Structured Analytic Techniques for Intelligence Analysis* (C.Q.Press College 2010); CIA, *A Tradecraft Primer: Structured Analytic Techniques for Improving Intelligence Analysis* (March 2009);
https://www.cia.gov/library/center-for-the-study-of-intelligence/csi-publications/books-and-monographs/Tradecraft%20Primer-apr09.pdf
126 ウールステッター、76頁。
127 Douglas MacEachin,"The Tradecraft of Analysis", *US Intelligence after Crossroads* (Brassey's 1995), pp.63–85.
128 James Bruce, "Making Analysis More Reliable: Why Epistemology

180.

92　以下のデータから推察。

Union of Concerned Scientists:

www.ucsusa.org/assets/.../UCS_Satellite_Database_officialnames_1-1-10.xsl

National Security Space Launch Report:

www.ucsusa.org/assets/.../UCS_Satellite_Database_officialnames_1-1-10.x

93　Richelson, *The US Intelligence Community,* p. 184.

94　マーク・ローエンタール（茂田宏監訳）『インテリジェンス―機密から政策へ』（慶應義塾出版会　2011）、109頁。

95　ローエンタール、104-5頁。

96　NGA ウェブサイト：

https://www1.nga.mil/About/WhatWeDo/GeoInt/Pages/default.aspx

97　Richard Friedman, "Open-Source Intelligence", Roger George and Robert Kline, *Intelligence and the National Security Strategist* (Rowman&Littlefield Publishers 2006), p. 288.

98　Loch Johnson (ed.), *Handbook of Intelligence Studies* (Routledge 2007), p. 134; Johnson (eds.), *Strategic Intelligence,* p. 116.

99　Mark Lowenthal, "Open Source Intelligence", Roger George and Robert Kline, p. 274.

100　*The New York Times,* (18 May 1997).

101　ローエンタール、129頁。

102　Treverton, *Reshaping National Intelligence,* p. 192.

103　小谷『日本軍のインテリジェンス』、15頁。

104　堀栄三『大本営参謀の情報戦記―情報なき国家の悲劇』（文春文庫　1996）、346頁。

105　John Fairbank, *Chinabound: A Fifty-Year Memoir* (New York: Harper & Row, 1982), p. 174.

106　ラディスラス・ファラゴー『智慧の戦い―諜報、情報活動の解剖』（日刊労働通信社　1956）、68-71頁。

107　Robert Steel, "The Importance of Open Source Intelligence to the Military", Loch Johnson (eds.), *Strategic Intelligence,* p. 115

108　小谷『日本軍のインテリジェンス』、183-6頁。

109　Richelson, *U.S. Intelligence Community* p. 325.

110　Christopher Andrew and Vasili Mitrokhin, *The Mitrokhin Archive: The*

76 小谷賢『日本軍のインテリジェンス―なぜ情報が活かされないのか』(講談社選書メチエ　2007)、26-41頁。

77 Stephen Schlesinger, *Act of Creation: The Founding of the United Nations* (Colorado: Westview Press), p. 110, ジェイムズ・バムフォード(瀧澤一郎訳)『すべては傍受されている―米国国家安全保障局の正体』(角川書店　2003)、32-3頁。

78 James Bamford, *The Puzzle Palace: A Report on American's Most Secret Agency* (Boston: Houghton Mifflin Company 1982), pp. 309-15.

79 ジョン・アール・ヘインズ&ハーヴェイ・クレア(中西輝政監訳)『ヴェノナ』(ＰＨＰ研究所　2010)、Nigel West, *Venona: The Greatest Secret of the Cold War* (London: Harper & Collins 2000).

80 アメリカを例に挙げると、1978年外国諜報監視法(FISA)、1981年大統領行政例12333号によって、①国内の外国人、②国外のアメリカ人、③国外の外国人に対する行政傍受が可能であるが、国内のアメリカ人への適用は不可である。

81 *ISC Annual Report*, 1999-2000. http://www.archive.official-documents.co.uk/document/cm48/4897/4897-02.htm#gen78

82 *On the existence of a global system for the interception of private and commercial communications (ECHELON interception system)-Temporary Committee on the ECHELON Interception System*. http://www.archive.official-documents.co.uk/document/cm48/4897/4897-02.htm#gen78

83 Matthew Aid, "All glory is fleeting", Andrew (eds.), *Secret intelligence*, p. 61.

84 塚本勝一『自衛隊の情報戦―陸幕第二部長の回想』(草思社　2008)、139頁。

85 ヘインズ&クレア、85-8頁、Richard Aldrich, *GCHQ* (Harper Press 2010), p. 81.

86 実松譲『日米情報戦記』(図書出版社　1980)、213頁。

87 Aid, p. 62.

88 コンスタンス・バビントン=スミス(山室まりや訳)『写真諜報』(みすず書房　1962)、8頁。

89 バビントン=スミス、288頁。

90 Richelson, *The Wizard of Langley*, pp. 26-8.

91 Jeffrey Richelson, *The US Intelligence Community* (Westview 2008), p.

(Hamish Hamilton 1978), pp. 337–48.

61 Paul Maddrell, "Failing Intelligence: US Intelligence In the Age of Transnational Threats", *International Journal of Intelligence and Counterintelligence,* Vol. 22 (June 2009).

62 Mark Lowenthal, *Intelligence: From Secret to Policy, 3rd edition* (CQ Press 2006), p. 102.

63 Christopher Andrew and Oleg Gordievsky, *KGB: The Inside Story of its Foreign Operations from Lenin to Gorbachev* (Hodder & Stoughton 1991), p. 590.

64 Michael Andregg, "Intelligence ethics", Lock Johnson (ed.), *Handbook of Intelligence Studies* (Routledge 2007), p. 54.

65 中尾克彦「米国における安全保障情報等に関する人的保全制度（1）—セキュリティクリアランス制度を中心として—」（『警察学論集』第60巻第6号）、74-6頁。

66 Stan Taylor and Daniel Snow, "Cold War Spies: Why they Spred and How they Got Caught", Loch Johnson and James Wirtz (eds.), *Strategic Intelligence* (Roxbury Publishing Company 2004), p. 298.

67 リチャード・ディーコン（橋口稔訳）『ケンブリッジのエリートたち』（晶文社　1988）、178頁。

68 Graham Greene, "FOREWORD", xvii, in Kim Philby, *My Silent War* (The Modern Library 2002).

69 Herman, p. 232.

70 Richelson, *The Wizards of Langley,* p. 147.

71 ヒュー・S＝モンティフィオーリ（小林朋則訳）『エニグマ・コード』（中央公論新社、2007）。

72 ロベルタ・ウールステッター（岩島久夫訳）『パールハーバー—トップは情報洪水の中でいかに決断すべきか』（読売新聞社、1987）、377頁。

73 小松啓一郎『暗号名はマジック』（ＫＫベストセラーズ　2003）、須藤眞志『日米開戦外交の研究—日米交渉の発端からハル・ノートまで』（慶應通信 1986）。

74 Robert Butow, *Tojo and the Coming of the War* (Princeton UP 1961), p. 335.

75 デーヴィッド・カーン（秦郁彦・関野英夫訳）『暗号戦争—日本暗号はいかに解読されたか』（早川書房　1968）、101頁。

322-3.

47 Davies, "Intelligence Culture and Intelligence Failure in Britain and the United States".

48 大野直樹「ＣＩＡの設立」(中西輝政・小谷賢編著『インテリジェンスの20世紀』千倉書房　2007)、67-83頁。

49 Richard Betts, "Fixing Intelligence", *Foreign Affairs* (January/February 2002), pp. 54-5.

50 小林良樹「米国インテリジェンス・コミュニティの改編―国家情報長官（ＤＮＩ）制度の創設とその効果―」(『国際政治』158号、2009年12月)、190頁。

51 エレーヌ・ブラン（森山隆訳）『ＫＧＢ帝国』(創元社　2006)、280頁。

52 Ephraim Kahana, *Historical Dictionary of Israeli Intelligence* (The Scarecrow Press 2006), p. 6.

第４章　インテリジェンスのプロセス

53 インテリジェンス・サイクルについては以下に詳しい。北岡元『インテリジェンス入門―利益を実現する知識の創造』(慶應義塾大学出版会　2003)。

54 Arthur Hulnick, "What's Wrong with the Intelligence Cycle", *Intelligence and National Security*, Vol. 21, No. 6 (December 2006).

55 Herman, pp.294-5, Gregory Treverton, *Reshaping National Intelligence for an Age of Information* (Cambridge University Press 2001), p. 106.

56 Bruce Berkowitz, "Better Ways to Fix U.S. Intelligence", *Orbis* (Fall 2001),pp. 609-19.

57 松田康博・細野英揮「第８章　日本―安全保障会義と内閣官房」、松田康博編著『ＮＳＣ国家安全保障会議：危機管理・安保政策統合メカニズムの比較研究』(彩流社　2009)、308-11頁。

58 Commission on the Roles and Capabilities of the United States Intelligence Community, *Preparing for the 21st century: An appraisal of U.S. intelligence: report of the Commission on the Roles and Capabilities of the United States Intelligence Community* (Washington D. C., 1996), p. 31.

59 William Colby and Peter Forbath, *Honorable Men: My Life in the CIA* (Simon & Schuster 1978), p. 375.

60 R. V. Jones, *Most Secret War: British Secret Intelligence 1939-1945*

34　ロードリ・ジェフリー＝ジョーンズ（越智道雄訳）『ＦＢＩの歴史』（東洋書林　2009)、10-1頁。

35　Michael Howard, *War in European History* (Oxford UP 1976), p. 127.

36　バーバラ・W・タックマン（町野武訳）『決定的瞬間—暗号が世界を変えた』（ちくま学芸文庫　2008)。

37　Harry Hinsley, *British Intelligence in the Second World War: Its Influence on Strategy and Operations,* vol. 1. (London: HMSO 1979). ヒュー・S＝モンティフィオーリ（小林朋則訳）『エニグマ・コード—史上最大の暗号戦』（中央公論社　2007)。

38　森山優「戦前期における日本の暗号能力に関する基礎研究」（『国際関係・比較文化研究』第三巻第一号、2004年9月)。

39　Herman, p. 183.

40　ベン・ギラッド（岡村亮訳）『競争戦略』（アスペクト　2006)、北岡元『仕事に役立つインテリジェンス』（ＰＨＰ新書　2008)。

41　Len Scott, Gerald Hughes and Martin Alexander, "Journeys in Twilight", *Intelligence and National Security,* Vol. 24, No. 1 (February 2009), p. 9; Roger George and James Bruce, "The Age of Analysis", Roger George and James Bruce (eds.), *Analyzing Intelligence: Origins, Obstacles and Innovations* (Georgetown University Press 2008), p. 295.

第３章　組織としてのインテリジェンス

42　中西輝政・小谷賢編著『世界のインテリジェンス』（ＰＨＰ研究所　2007)、Robert D'A. Henderson, *Brassey's International Intelligence Year Book 2003 Edition* (Brassey's 2003), IISS, *The Military Balance 2011* (Routledge 2011) 等から算出。

43　Carmen Medina, "The New Analysis", *Analyzing Intelligence,* pp. 244-5; Massimo Calabresi, "Wikipedia for Spies: The CIA Discovers Web. 2.0", *Time US* (08 April 2009).

44　北岡元「米国の情報体制—何故英国型の体制は根付かなかったのか—」（『財団法人世界平和研究所レポート』、2001年9月)、23-4頁。

45　Bruce Berkowitz, "Better Ways to Fix US intelligence", *Orbis* (Fall 2001), pp. 614-5.

46　Philip Davies, *MI6 and the Machinery of Spying* (Frank Cass 2004), pp.

(Princeton University Press 1949).
15 Michael Herman, *Intelligence Power in Peace and War* (Cambridge University Press 1996).

第2章 インテリジェンスの歴史

16 テリー・クラウディ（日暮雅通訳）『スパイの歴史』（東洋書林 2010)、18頁
17 山本石樹『日本防諜史』（人文閣 1942)、20-2頁。
18 海野弘『スパイの世界史』（文春文庫 2007)、15頁。
19 孫子（金谷治訳）『孫子』（岩波書店 1967)、148頁。
20 カウティリヤ（上村勝彦訳）『実利論（上)』（岩波文庫 1984)、78頁。
21 クラウディ、56頁。
22 アレン・ダレス（鹿島守之助訳）『諜報の技術』（鹿島研究所出版会 1965)、19頁。
23 Herman, *Intelligence Power in Peace and War*, p. 11.
24 カリエール（坂野正高訳）『外交談判法』（岩波文庫 1978)、26頁。
25 太田文雄『日本人は戦略・情報に疎いのか』（芙蓉書房出版 2008)、56-8頁。
26 サイモン・シン（青木薫訳）『暗号解読』（新潮社 2001)、53-4頁。
27 Peter Frazer, *The Intelligence of the Secretaries of State and their Monopolies of Licensed News 1660-1688* (Cambridge University Press 2011), p. 79.
28 Christopher Andrew, *For the President's Eyes Only* (Harper Collins 1995), p. 11.
29 George Seymour, *Documentary Life of Nathan Hale* (Kessinger Publishing 2006), p. 453.
30 北岡元『インテリジェンスの歴史』（慶應義塾出版会 2006)、64頁。
31 クラウゼヴィッツ（篠田英雄訳）『戦争論（上)』（岩波書店 1968)、128頁。
32 岩下哲典『幕末日本の情報活動「開国」の情報史』（雄山閣 2008)、147頁。
33 Alex Butterworth, *The World That Never Was: A True Story of Dreamers, Schemers, Anarchists, and Secret Agents* (Pantheon 2010).

注

はじめに——米英の失態

1 Richard Aldrich, "Intelligence Co-operation versus Accountability", *Intelligence and National Security,* Vol. 24, No. 1 (February 2009), p. 38.

2 ボブ・ドローギン（田村源二訳）『カーブボール』（産経新聞出版　2008）。

3 CIA, *Comprehensive Report of the Special Adviser to the Director of Central Intelligence on Iraq's Weapons of Mass Destruction,* vol. 3 (September 30, 2004), pp. 85–6.

4 ジョージ・ブッシュ（伏見威蕃訳）『決断のとき』（下）（日本経済新聞出版社　2011）、73頁。Tony Blair, *A Journey: My Political Life* (New York: Alfred A. Knope 2010), p. 460.

第1章　国家にとってのインテリジェンスとは

5 清水博『生命を捉えなおす』（中公新書　1999）、227頁。

6 CIA, *A Consumer's Guide to Intelligence* (Office of Public Affairs), p. vii.

7 Philip Davies, "Intelligence Culture and Intelligence Failure in Britain and the United States", *Cambridge Review of International Affairs* (vol. 17, No. 3, Oct 2004), p. 500.

8 大森義夫『インテリジェンスを一匙』（選択エージェンシー　2004）、23頁。

9 Jeffrey Richelson, *The Wizards of Langley* (Westview 2002), pp. 260–3.

10 Steve Tsang "Target Zhou Enlai: The 'Kashmir Princess' Incident of 1955" *The China Quarterly,* No. 139 (September 1994).

11 Michael Howard, *The Causes of Wars* (Harvard University Press 1984), p. 22.

12 *National Intelligence: A Consumer's Guide,* p. 10.
http://www.dni.gov/reports/IC_Consumers_Guide_2009. pdf

13 Michael Herman, "Ethics and intelligence after September 2001", Christopher Andrew, Richard Aldrich and Wesley Wark (eds.), *Secret intelligence* (Routledge 2009), pp. 386–8.

14 Sherman Kent, *Strategic Intelligence for American World Policy*

・岡崎久彦『岡崎久彦の情報戦略のすべて』（ＰＨＰ研究所　2002）
・大森義夫『日本のインテリジェンス機関』（文藝新書　2005）
・太田文雄『「情報」と国家戦略』（芙蓉書房出版　2005）
・外事事件研究会編著『戦後の外事事件―スパイ・拉致・不正輸出』（東京法令出版　2007）
・孫崎享『情報と外交』（ＰＨＰ研究所　2009）
・平城弘通『日米秘密情報機関』（講談社　2010）
・中西輝政『情報亡国の危機―インテリジェンス・リテラシーのすすめ』（東洋経済新報社　2010）

か』(ビジネス社　2004)
・ボブ・ドローギン(田村源二訳)『カーブボール』(産経新聞出版　2008)
・Michael Handel, *Leaders and Intelligence* (Routledge 1989)
・Walter Laqueur, *The Uses and Limits of Intelligence* (Transaction Publishers 1993)
・Gregory Treverton, *Reshaping National Intelligence for an Age of Information* (Cambridge UP 2001)
・Richard Betts and Thomas Mahnken (eds.), *Paradoxes of Strategic Intelligence* (Routledge 2003)
・Richard Betts, *Enemies of Intelligence* (Columbia University Press 2007)

7．インテリジェンスの監視

・Hans Born, Loch Johnson and Ian Leigh, *Who's Watching the Spies?* (Potomac Books Inc. 2005)
・Robert Dover and Michael Goodman, *Spinning Intelligence* (Hurst & Company 2009)
・Daniel Baldino (ed.), *Democratic Oversight of Intelligence Services* (The Federation Press 2010)

8．日本のインテリジェンス

戦前のインテリジェンス
・谷壽夫『機密日露戦史』(原書房　1966)
・実松譲『日米情報戦記』(図書出版　1980)
・杉田一次『情報なき戦争指導』(原書房　1987)
・堀栄三『大本営参謀の情報戦記―情報なき国家の悲劇』(文春文庫　1996)
・小谷賢『日本軍のインテリジェンス―なぜ情報が活かされないのか』(講談社選書メチエ　2007)

戦後のインテリジェンス
・春名幹男『秘密のファイル―ＣＩＡの対日工作』(上・下)(共同通信社　2000)
・青木理『日本の公安警察』(講談社現代新書　2000)

に解読されたか』（早川書房　1968）
・キム・フィルビー（笠原佳雄訳）『プロフェッショナル・スパイ―英国諜報部員の手記』（徳間書店　1969）
・ジェイムズ・バムフォード（瀧澤一郎訳）『すべては傍受されている―米国国家安全保障局の正体』（角川書店　2003）
・ジェフリー・リッチェルソン（川合渙一訳）『トップシークレット』（上・下）（太陽出版　2004）
・ジョン・アール・ヘインズ&ハーヴェイ・クレア（中西輝政監訳）『ヴェノナ』（ＰＨＰ研究所　2010）
・Nigel West, *Venona: The Greatest Secret of the Cold War* (London: Harper & Collins 2000)
・Jeffrey Richelson, *The Wizards of Langley* (Westview 2002)
・Kim Philby, *My Silent War* (The Modern Library 2002)

５．情報分析

・北岡元『仕事に役立つインテリジェンス』（ＰＨＰ新書　2008）
・Morgan Jones, *The Thinker's Toolkit* (Three Rivers Press 1995)
・Richards Heuer Jr., *Psychology of Intelligence Analysis* (Center for the Study of Intelligence 1999)
・Roger George and James Bruce (eds.), *Analyzing Intelligence: Origins, Obstacles and Innovations* (Georgetown University Press 2008)
・Richards Heuer Jr. and Randolph Pherson, *Structured Analytic Techniques for Intelligence Analysis* (C.Q.Press College 2010)
・Timothy Walton, *Challenges in Intelligence Analysis: Lessons from 1300 BCE to the Present* (Cambridge University Press 2010)
・Stephen Marrin, *Improving Intelligence Analysis: Bridging the gap between scholarship and practice* (Routledge 2011)

６．情報の政治化、情報と政策の関係

・ロベルタ・ウールステッター（岩島久夫訳）『パールハーバー―トップは情報洪水の中でいかに決断すべきか』（読売新聞社　1987）
・ジョン・ヒューズ＝ウィルソン（柿本学佳訳）『なぜ、正しく伝わらないの

・ゴードン・トーマス（玉置悟訳）『インテリジェンス闇の戦争』（講談社 2010）

・Percy Cradock, *Know Your Enemy: How the Joint Intelligence Committee Saw the World* (John Murray 2002)

・Philip Davies, *MI6 and the Machinery of Spying* (Frank Cass 2004)

・Stephen Twingge (eds.), *British Intelligence* (The National Archives 2008)

・Christopher Andrew, *The Defence of the Realm: The Authorized History of MI5* (Allen Lane 2009)

・Keith Jeffery, *MI6: The History of the Secret Intelligence Service 1909-1949* (Bloomsbury Publishing 2010)

・Richard Aldrich, *GCHQ* (Harper Press 2010)

ソ連・ロシアのインテリジェンス

・ブライアン・フリーマントル（新庄哲夫訳）『ＫＧＢ』（新潮選書　1983）

・エレーヌ・ブラン（森山隆訳）『ＫＧＢ帝国』（創元社　2006）

・Christopher Andrew and Oleg Gordievsky, *KGB: The Inside Story of its Foreign Operations from Lenin to Gorbachev* (Hodder & Stoughton 1991)

・Christopher Andrew and Vasili Mitrokhin, *The Mitrokhin Archive: The KGB in Europe and the West* (New York: Penguin books 2000)

イスラエルのインテリジェンス

・小谷賢『モサド』（新潮選書　2009）

・ダン・ラヴィヴ、ヨシ・メルマン（尾崎恒訳）『モーゼの密使たち』（読売新聞社　1992）

・ビクター・オストロフスキー、クレア・ホイ（中山善之訳）『モサド情報員の告白』（ＴＢＳブリタニカ　1992）

・エフライム・ハレヴィ（河野純治訳）『モサド前長官の証言「暗闇に身をおいて」』（光文社　2007）

・Ian Black and Benny Morris, *Israeli's Secret Wars; A History of Israeli's Intelligence Service* (Time Warner Paperbacks 1992)

４．情報収集

・デーヴィッド・カーン（秦郁彦・関野英夫訳）『暗号戦争―日本暗号はいか

・中西輝政・小谷賢編著『インテリジェンスの 20 世紀』（千倉書房　2007）
・サイモン・シン（青木薫訳）『暗号解読』（新潮社　2001）
・テリー・クラウディ（日暮雅通訳）『スパイの歴史』（東洋書林　2010）
・Harry Hinsley, *British Intelligence in the Second World War* (London: HMSO 1979)
・Christopher Andrew and David Dilks (eds.), *The Missing Dimension* (University of Illinoi Press 1984)
・Ernest May (ed.), *Knowing One's Enemies* (Princeton University Press 1986)
・Ralf Bennett, *Behind the Battle* (Sinclair-Stevenson 1994)
・John Keegan, *Intelligence in War* (Huchinson 2003)

3．各国のインテリジェンス組織

各国のインテリジェンス

・中西輝政・小谷賢編著『世界のインテリジェンス』（PHP 研究所　2007）
・Robert D'A. Henderson, *Brassey's International Intelligence Yearbook 2003 Edition* (Brassey's 2003)
・Nigel West, *International Intelligence* (The Scarecrow Press 2006)

アメリカのインテリジェンス

・ティム・ワイナー（藤田博司・山田侑平・佐藤信行訳）『ＣＩＡ秘録』（上・下）（文藝春秋　2008）
・ロードリ・ジェフリーズ＝ジョーンズ（越智道雄訳）『ＦＢＩの歴史』（東洋書林　2009）
・Christopher Andrew, *For the President's Eyes Only* (Harper Collins 1995)
・Rhodri Jeffreys-Jones, *The CIA and American Democracy, 3rd edition* (Yale University Press 2003)
・Jeffrey Richelson, *The US Intelligence Community* (Westview 2008)
・Robert Jervis, *Why Intelligence Fails* (Cornell UP 2010)

イギリスのインテリジェンス

・ピーター・ライト、ポール・グリーングラス（久保田誠一監訳）『スパイキャッチャー』（朝日新聞社　1987）

読書案内

1．基本的なテキスト

・北岡元『インテリジェンス入門』（慶應義塾大学出版会　2003年）
・松村劭『オペレーショナル・インテリジェンス―意思決定のための作戦情報理論』（日本経済新聞社　2006）
・仮野忠男『亡国のインテリジェンス』（日本文芸社　2010）
・小林良樹『インテリジェンスの基礎理論』（立花書房　2011年）
・ラディスラス・ファラゴー『智慧の戦い―諜報、情報活動の解剖』（日刊労働通信社　1956）
・アレン・ダレス（鹿島守之助訳）『諜報の技術』（鹿島研究所出版会　1965）
・ラインハルト・ゲーレン（赤羽龍夫訳）『諜報・工作―ラインハルト・ゲーレン回顧録』（読売新聞社　1973）
・マーク・ローエンタール（茂田宏監訳）『インテリジェンス』（慶應義塾大学出版会　2011年）
・Sherman Kent, *Strategic Intelligence for American World Policy* (Princeton University Press 1949)
・Michael Handel, *War Strategy and Intelligence* (Frank Cass 1989)
・Michael Herman, *Intelligence Power in Peace and War* (Cambridge UP 1996)
・Loch Johnson and James Wirtz (eds.), *Strategic Intelligence* (Roxbury Publishing Company 2004)
・Loch Johnson (ed.), *Handbook of Intelligence Studies* (Routledge 2007)
・Christopher Andrew, Richard Aldrich and Wesley Wark, *Secret intelligence* (Routledge 2009)

2．インテリジェンスの歴史

・山本石樹『日本防諜史』（人文閣　1942）
・北岡元『インテリジェンスの歴史』（慶應義塾大学出版　2006）
・海野弘『スパイの世界史』（文春文庫　2007）

江戸料理読本　松下幸子

江戸時代に刊行された二百余冊の料理書の内容と特徴、レシピを紹介。素材を生かし小技をきかせた江戸料理の世界をこの一冊で味わい尽くす。（福田浩）

萬葉集に歴史を読む　森浩一

古の人びとの愛や憎しみ、執念や悲哀。萬葉集には、数々の人間ドラマと歴史の激動が刻まれている。考古学者が大胆に読む、躍動感あふれる萬葉の世界。

ヴェニスの商人の資本論　岩井克人

〈資本主義〉のシステムやその根底にある〈貨幣〉の逆説とは何か。その怪物めいた謎をめぐって、明晰な論理と軽妙な洒脱さで展開する諸考察。

現代思想の教科書　石田英敬

今日我々を取りまく〈知〉は、4つの「ポスト状況」から発生した。言語、メディア、国家等、最重要論点のすべてを一から読む！　決定版入門書。

記号論講義　石田英敬

モノやメディアが現代人に押しつけてくる記号の嵐。それに飲み込まれず日常を生き抜くには？　東京大学の講義をもとにした記号論の教科書決定版！

プラグマティズムの思想　魚津郁夫

アメリカ思想の多元主義的な伝統は、九・一一事件以降変貌してしまったのか。「独立宣言」から現代のローティまで、その思想の展開をたどる。

増補　女性解放という思想　江原由美子

「女性解放」はなぜ難しいのか。リブ運動への揶揄を論じた「からかいの政治学」など、運動・理論における対立や批判から、その困難さを示す論考集。

増補　虚構の時代の果て　大澤真幸

オウム事件は、社会の断末魔の叫びだった。衝撃的事件から時代の転換点を読み解き、現代社会と対峙する意欲的論考。（見田宗介）

言葉と戦車を見すえて　加藤周一　小森陽一／成田龍一編

知の巨人・加藤周一が、日本と世界の情勢について、何を考え何を発言しつづけてきたのかが俯瞰できる論考群を一冊に集成。（小森／成田）

敗戦後論　加藤典洋

なぜ今も「戦後」は終わらないのか。敗戦がもたらした「ねじれ」を、どう克服すべきなのか。戦後問題の核心を問い抜いた基本書。（内田樹＋伊東祐吏）

柄谷行人講演集成 1985-1988
言葉と悲劇　柄谷行人

シェイクスピアからウィトゲンシュタインへ、西田幾多郎からスピノザへ。その横断的な議論は批評の可能性そのものを顕示する。計14本の講演を収録。

柄谷行人講演集成 1995-2015
思想的地震　柄谷行人

根底的破壊の後に立ち上がる強靭な言葉と思想——。この20年間の代表的講演を著者自身が精選した待望の講演集。学芸文庫オリジナル。

増補 広告都市・東京　北田暁大

都市そのものを広告化してきた80年代消費社会。その戦略と、90年代のメディアの構造転換は現代を生きる我々に何をもたらしたか、鋭く切り込む。

インテリジェンス　小谷賢

スパイの歴史、各国情報機関の組織や課題から、情報との付き合い方まで——豊富な事例を通して「情報」のすべてがわかるインテリジェンスの教科書。

良い死／唯の生　立岩真也

安楽死・尊厳死を「良い死」とする思考を批判的に検討し、誰でも「生きたいなら生きられる社会」へと変革するには何が必要かを論じる。（大谷いづみ）

20世紀思想を読み解く　塚原史

「自由な個人」から「全体主義的な群衆」へ。人間という存在が劇的に変質した世紀の思想を、無意味・未開・狂気等キーワードごとに解読する。

緑の資本論　中沢新一

『資本論』の核心である価値形態論を一神教的に再構築することで、自壊する資本主義からの脱出の道を考察した、画期的論考。（矢田部和彦）

反＝日本語論　蓮實重彦

仏文学者の著者、フランス語を母国語とする夫人、日仏両語で育つ令息。三人が遭う言語的葛藤から見えてくるものとは？（シャンタル蓮實）

橋爪大三郎の政治・経済学講義　橋爪大三郎

政治は、経済は、どう動くのか。この時代を生きるために、日本と世界の現実を見定める目を養い、考える材料を蓄え、構想する力を培う基礎講座！

学習の生態学　福島真人

現場での試行錯誤を許す「実験的領域」はいかに成立するか。救命病棟、原子力発電所、学校等、組織での学習を解く理論的枠組みを示す。（熊谷晋一郎）

フラジャイル　松岡正剛

なぜ、弱さは強さよりも深いのか？　薄弱・断片・あやうさ・境界・異端……といった感覚に光をあて、「弱さ」のもつ新しい意味を探る。（高橋睦郎）

言葉とは何か　丸山圭三郎

言語学・記号学についての優れた入門書。ソシュール研究の泰斗が、平易な語り口で言葉の謎に迫る。術語・人物解説、図書案内付き。（中尾浩）

戦争体験　安田武

わかりやすい伝承は何を忘却するか。戦後における戦争体験の一般化を忌避し、矛盾に満ちた自らの体験の「語りがたさ」を直視する。（福間良明）

〈ひと〉の現象学　鷲田清一

知覚、理性、道徳等。ひとをめぐる出来事は、哲学の主題と常に伴走する。ヘーゲル的綜合を目指すでなく、問いに向きあいゆるやかにトレースする。

モダニティと自己アイデンティティ　アンソニー・ギデンズ　秋吉美都／安藤太郎／筒井淳也訳

常に新たな情報に開かれ、継続的変化が前提となる後期近代で、自己はどのような可能性と苦難を抱えるか。独自の理論的枠組を作り上げた近代的自己論。

ありえないことが現実になるとき　ジャン＝ピエール・デュピュイ　桑田光平／本田貴久訳

なぜ最悪の事態を想定せず、大惨事は繰り返すのか。経済か予防かの不毛な対立はいかに退けられるか。認識の根源を問い、抜本的転換を迫る警世の書。

政治宣伝　ジャン＝マリー・ドムナック　小出峻訳

レーニン、ヒトラーの時代を経て、宣伝は今どのような役割を果たすか。五つの定則を示し、デモクラシーに対するその功罪を見据える。（川口茂雄）

空間の詩学
ガストン・バシュラール
岩村行雄訳
家、宇宙、貝殻など、さまざまな空間が喚起する詩的イメージ。新たなる想像力の現象学を提唱し、人間の夢想に迫るバシュラール詩学の頂点。

リキッド・モダニティを読みとく
ジグムント・バウマン
酒井邦秀訳
変わらぬ確かなものなどもはや何一つない現代世界。社会学の泰斗が身近な出来事や世相から〈液状化〉の具体相に迫る真摯で痛切な論考。文庫オリジナル。

社会学の考え方〔第2版〕
ジグムント・バウマン／ティム・メイ
奥井智之訳
日常世界はどのように構成されているのか。日々変化する現代社会をどう読み解くべきか。読者を〈社会学的思考〉の実践へと導く最高の入門書。新訳。

コミュニティ
ジグムント・バウマン
奥井智之訳
グローバル化し個別化する世界のなかで、コミュニティはいかなる様相を呈しているか。安全をとるか、自由をとるか。代表的社会学者が根源から問う。

近代とホロコースト〔完全版〕
ジグムント・バウマン
森田典正訳
近代文明はホロコーストの必要条件であった——。社会学の視点から、ホロコーストを現代社会の本質に深く根ざしたものとして捉えたバウマンの主著。

フーコー文学講義
ミシェル・フーコー
柵瀬宏平訳
シェイクスピア、サド、アルトー、レリス……。フーコーが文学と取り結んでいた複雑で、批判的で、戦略的な関係とは何か。未発表の記録、本邦初訳。

ウンコな議論
ハリー・G・フランクファート
山形浩生訳／解説
ごまかし、でまかせ、いいのがれ。なぜ世の中、こんなものがみちるのか。道徳哲学の泰斗がその正体とカラクリを解く。爆笑必至の訳者解説を付す。

21世紀を生きるための社会学の教科書
ケン・プラマー
赤川学監訳
パンデミック、経済格差、気候変動など現代世界が直面する諸課題を視野に収めつつ社会学の新しい知見を解説。社会学の可能性を論じた最良の入門書。

世界リスク社会論
ウルリッヒ・ベック
島村賢一訳
迫りくるリスクは我々から何を奪い、何をもたらすのか。『危険社会』の著者が、近代社会の根本原理をくつがえすリスクの本質と可能性に迫る。

民主主義の革命
エルネスト・ラクラウ／シャンタル・ムフ
西永亮／千葉眞訳
グラムシ、デリダらの思想を摂取し、根源的で複数的なデモクラシーへ向けて、新たなヘゲモニー概念を提示した、ポスト・マルクス主義の代表作。

鏡の背面
コンラート・ローレンツ
谷口茂訳
人間の認識システムはどのように進化してきたのか、そしてその特徴とは。ノーベル賞受賞の動物行動学者が試みた抱括的知識による壮大な総合人間哲学。

ミメーシス（上）
E・アウエルバッハ
篠田一士／川村二郎訳
西洋文学史より具体的なテクストを選び、文体美学を分析・批評しながら、現実描写を追求する。全20章の前半のホメーロスよりラ・サールまで。

ミメーシス（下）
E・アウエルバッハ
篠田一士／川村二郎訳
ヨーロッパ文学における現実描写の流れをすばらしい切れ味の文体分析により追求した画期的文学論。全20章の後半、ラブレーよりV・ウルフまで。

人間の条件
ハンナ・アレント
志水速雄訳
人間の活動的生活を《労働》《仕事》《活動》の三側面から考察し、《労働》優位の近代世界を思想史的に批判したアレントの主著。（阿部齊）

革命について
ハンナ・アレント
志水速雄訳
《自由の創設》をキイ概念としてアメリカとヨーロッパの二つの革命を比較・考察し、その最良の精神を二〇世紀の惨状から救い出す。（川崎修）

暗い時代の人々
ハンナ・アレント
阿部齊訳
自由が著しく損なわれた時代を自らの意思に従い行動し、生きた人々。政治・芸術・哲学への鋭い示唆を含み描かれる普遍的人間論。（村井洋）

責任と判断
ハンナ・アレント
ジェローム・コーン編
中山元訳
思想家ハンナ・アレント後期の未刊行論文集。人間の責任の意味と判断の能力を考察し、考える能力の喪失により生まれる〈凡庸な悪〉を明らかにする。

政治の約束
ハンナ・アレント
ジェローム・コーン編
高橋勇夫訳
われわれにとって「自由」とは何であるのか——。政治思想の起源から到達点までを描き、政治的経験の意味に根底から迫った、アレント思想の精髄。

プリズメン
Th・W・アドルノ
渡辺祐邦／三原弟平訳
「アウシュヴィッツ以後、詩を書くことは野蛮である」。果てしなく進行する大衆の従順化と、絶対的物象化の時代における文化批判のあり方を問う。

スタンツェ
ジョルジョ・アガンベン
岡田温司訳
西洋文化の豊饒なイメージの宝庫を自在に横切り、愛・言葉そして喪失の想像力が表象に与えた役割をたどる。21世紀を牽引する哲学者の博覧強記。

事物のしるし
ジョルジョ・アガンベン
岡田温司／岡本源太訳
パラダイム・しるし・哲学的考古学の鍵概念のもと、「しるし」の起源や特権的領域を探求する。私たちを西洋思想史の彼方に誘うユニークかつ重要な一冊。

アタリ文明論講義
ジャック・アタリ
林昌宏訳
歴史を動かすのは先を読む力だ。混迷を深める現代文明の行く末を見通し対処するにはどうすればよいのか。「欧州の知性」が危難の時代を読み解く。

時間の歴史
ジャック・アタリ
蔵持不三也訳
日時計、ゼンマイ、クオーツ等。計時具から見えてくる人間社会の変遷とは？　J・アタリが「時間と暴力」「暦と権力」の共謀関係を大柄に描く大著。

風水
エルネスト・アイテル
中野美代子／中島健訳
中国の伝統的思惟では自然はどのように捉えられているのか。陰陽五行論・理気二元論から説き起こし、風水の世界を整理し体系づける。（三浦國雄）

コンヴィヴィアリティのための道具
イヴァン・イリイチ
渡辺京二／渡辺梨佐訳
破滅に向かう現代文明の大転換はまだ可能だ！　人間本来の自由と創造性が最大限活かされる社会をどう作るか。イリイチが遺した不朽のマニフェスト。

メディアの文明史
ハロルド・アダムズ・イニス
久保秀幹訳
粘土板から出版・ラジオまで。メディアの深奥部に潜むバイアス＝傾向性が、社会の特性を生み出す。大柄な文明史観を提示する必読古典。（水越伸）

重力と恩寵
シモーヌ・ヴェイユ
田辺保訳
「重力」に似たものから、どのようにして免れればよいのか……ただ「恩寵」によって。苛烈な自己無化への意志に貫れた、独自の思索の断想集。ティボン編。

啓蒙主義の哲学（下）　エルンスト・カッシーラー　中野好之訳

啓蒙主義を貫く思想原理とは何か。自然観、人間観から宗教、国家、芸術まで、その統一的結びつきを鋭い批判的洞察で解明する。（鷲見洋一）

近代世界の公共宗教　ホセ・カサノヴァ　津城寛文訳

一九八〇年代に顕著となった宗教の〈脱私事化〉。五つの事例をもとに近代における宗教の役割と世俗化の意味を再考する。宗教社会学の一大成果。

死にいたる病　S・キルケゴール　桝田啓三郎訳

死にいたる病とは絶望であり、絶望を深く自覚し神の前に自己をすてる。実存的な思索の深まりをデンマーク語原著から訳出し、詳細な注を付す。

世界制作の方法　ネルソン・グッドマン　菅野盾樹訳

世界は「ある」のではなく、「制作」されるのだ。芸術・科学・日常経験・知覚など、幅広い分野で徹底した思索を行ったアメリカ現代哲学の重要著作。

新編 現代の君主　アントニオ・グラムシ　上村忠男編訳

労働運動を組織しイタリア共産党を指導したグラムシ。獄中で綴られたそのテキストから、いま読み直されるべき重要な29篇を選りすぐり注解する。

孤島　ジャン・グルニエ　井上究一郎訳

「島」とは孤独な人間の謂。透徹した精神のもと、話者の綴る思念と経験が啓示を放つ。カミュが本書との出会いを回想した序文を付す。（松浦寿輝）

ウィトゲンシュタインのパラドックス　ソール・A・クリプキ　黒崎宏訳

規則は行為の仕方を決定できない――このパラドックスの懐疑的解決こそ、『哲学探究』の核心である。異能の哲学者によるウィトゲンシュタイン解釈。

ハイデッガー『存在と時間』註解　マイケル・ゲルヴェン　長谷川西涯訳

難解をもって知られる『存在と時間』全八三節の思考を、初学者にも一歩一歩追体験させ、高度な内容を読者に確信させ納得させる唯一の註解書。

色彩論　ゲーテ　木村直司訳

数学的・機械論的近代自然科学と一線を画し、自然の中に「精神」を読みとろうとする特異で巨大な自然観を示した思想家・ゲーテの不朽の業績。

倫理問題101問
マーティン・コーエン
榑沼範久訳
何が正しいことなのか。医療・法律・環境問題等、私たちの周りに溢れる倫理的なジレンマから101の題材を取り上げて、ユーモアも交えて考える。

哲学101問
マーティン・コーエン
矢橋明郎訳
全てのカラスが黒いことを証明するには？　コンピュータと人間の違いは？　哲学者たちが頭を捻った101問を、譬話で考える楽しい哲学読み物。

解放されたゴーレム
ハリー・コリンズ／トレヴァー・ピンチ
村上陽一郎／平川秀幸訳
科学技術は強力だが不確実性に満ちた「ゴーレム」である。チェルノブイリ原発事故、エイズなど7つの事例をもとに、その本質を科学社会的に繙く。

存在と無（全3巻）
ジャン＝ポール・サルトル
松浪信三郎訳
人間の意識の在り方（実存）をきわめて詳細に分析し、存在と無の弁証法を問い究め、実存主義を確立した不朽の名著。現代思想の原点。

存在と無 I
ジャン＝ポール・サルトル
松浪信三郎訳
I巻は、「即自」と「対自」が峻別される緒論「存在の探求」から、「対自」としての意識の基本的在り方が論じられる第二部「対自存在」まで収録。

存在と無 II
ジャン＝ポール・サルトル
松浪信三郎訳
II巻は、第三部「対他存在」を収録。私と他者との相剋関係を論じた「まなざし」論をはじめ、愛、憎悪、マゾヒズム、サディズムなど具体的な他者論を展開。

存在と無 III
ジャン＝ポール・サルトル
松浪信三郎訳
III巻は、第四部「持つ」「為す」「ある」を収録。この三つの基本的カテゴリーとの関連で人間の行動を分析し、絶対的自由を提唱。（北村晋）

公共哲学
マイケル・サンデル
鬼澤忍訳
経済格差、安楽死の幇助、市場の役割など、私達が現代の問題を考えるのに必要な思想とは？　ハーバード大講義で話題のサンデル教授の主著、初邦訳。

パルチザンの理論
カール・シュミット
新田邦夫訳
二〇世紀の戦争を特徴づける「絶対的な敵」殲滅の思想の端緒を、レーニン・毛沢東らの《パルチザン》戦争という形態のなかに見出した画期的論考。

政治思想論集　カール・シュミット　服部平治／宮本盛太郎訳
現代新たな角度で脚光をあびる政治哲学の巨人が、その思想の核を明かしたテクストを精選して収録。権力の源泉や限界といった基礎もわかる名論文集。

神秘学概論　ルドルフ・シュタイナー　高橋巖訳
宇宙論、人間論、進化の法則と意識の発達史を綴り、シュタイナー思想の根幹を展開する――四大主著の一冊、渾身の訳し下し。（笠井叡）

神智学　ルドルフ・シュタイナー　高橋巖訳
神秘主義的思考を明晰な思考に立脚した精神科学へと再編し、知性と精神性の健全な融合をめざしたシュタイナーの根本思想。四大主著の一冊。

いかにして超感覚的世界の認識を獲得するか　ルドルフ・シュタイナー　高橋巖訳
すべての人間には、特定の修行を通して高次の認識を獲得できる能力が潜在している。その顕在化のための道すじを詳述する不朽の名著。

自由の哲学　ルドルフ・シュタイナー　高橋巖訳
社会の一員である個人の究極の自由はどこに見出されるのか。思考は人間に何をもたらすのか。シュタイナー全業績の礎をなしている認識論哲学。

治療教育講義　ルドルフ・シュタイナー　高橋巖訳
障害児が開示するのは、人間の異常性ではなく霊性である。人智学の理論と実践を集大成したシュタイナー晩年の最重要講義。改訂増補決定版。

人智学・心智学・霊智学　ルドルフ・シュタイナー　高橋巖訳
身体・魂・霊に対応する三つの学が、霊視霊聴を通じた存在の成就への道を語りかける。人智学協会の創設へ向け最も注目された時期の率直な声。

ジンメル・コレクション　ゲオルク・ジンメル　北川東子編訳　鈴木直訳
都会、女性、モード、貨幣をはじめ、取っ手や橋・扉にまで哲学的思索を向けた「エッセーの思想家」の姿を一望する新編・新訳のアンソロジー。

私たちはどう生きるべきか　ピーター・シンガー　山内友三郎監訳
社会の10％の人が倫理的に生きれば、政府が行う社会変革よりもずっと大きな力となる――環境・動物保護の第一人者が、現代に生きる意味を鋭く問う。

自然権と歴史
レオ・シュトラウス
塚崎智／石崎嘉彦訳
自然権の否定こそが現代の深刻なニヒリズムをもたらした。古代ギリシアから近代に至る思想史を大胆に読み直し、自然権論の復権をはかる20世紀の名著。

生活世界の構造
アルフレッド・シュッツ／トーマス・ルックマン
那須壽監訳
「事象そのものへ」という現象学の理念を社会学研究で実践し、日常を生きる「普通の人びと」の視点から日常生活世界の「自明性」を究明した名著。

哲学ファンタジー
レイモンド・スマリヤン
高橋昌一郎訳
論理学の鬼才が、軽妙な語り口ながら、切れ味抜群の思考法で哲学から倫理学まで広く論じた対話篇。哲学することの魅力を堪能しつつ、思考を鍛える！

ハーバート・スペンサーコレクション
ハーバート・スペンサー
森村進編訳
自由はどこまで守られるべきか。リバタリアニズムの源流となった思想家の理論の核が凝縮された論考を精選し、平明な訳で送る。文庫オリジナル編訳。

ナショナリズムとは何か
アントニー・D・スミス
庄司信訳
ナショナリズムは創られたものか、それとも自然なものか。この矛盾に満ちた心性の正体を、世界的権威が徹底的に解説する。最良の入門書、本邦初訳。

日常的実践のポイエティーク
ミシェル・ド・セルトー
山田登世子訳
読書、歩行、声。それらは分類し解析する近代的知が見落とす、無名の者の戦術である。領域を横断し、秩序に抗う技芸を描く。（渡辺優）

反解釈
スーザン・ソンタグ
高橋康也他訳
《解釈》を偏重する在来の批評に対し、《形式》を感受する官能美学の必要性をとき、理性や合理主義に対する感性の復権を唱えたマニフェスト。

ウォールデン
ヘンリー・D・ソロー
酒本雅之訳
たったひとりでの森の生活。そこでの観察と思索の記録は、いま、ラディカルな物質文明批判となり、精神の主権を回復する。名著の新訳決定版。

声と現象
ジャック・デリダ
林好雄訳
フッサール『論理学研究』の綿密な読解を通して、「脱構築」「痕跡」「差延」「代補」「エクリチュール」など、デリダ思想の中心的〝操作子〟を生み出す。

歓待について
ジャック・デリダ
アンヌ・デュフールマンテル序論
廣瀬浩司訳

異邦人＝他者を迎え入れることはどこまで可能か？ギリシャ悲劇、クロソウスキーなどを経由し、この喫緊の問いにひそむ歓待の（不）可能性に挑む。

省察
ルネ・デカルト
山田弘明訳

徹底した懐疑の積み重ねから、確実な知識を探り世界を証明づける。哲学入門者が最初に読むべき、近代哲学の源泉たる一冊。詳細な解説付新訳。

哲学原理
ルネ・デカルト
山田弘明／吉田健太郎／久保田進一／岩佐宣明訳・注解

『省察』刊行後、その知のすべてが記された本書は、デカルト形而上学の最終形態といえる。第一部の新訳と解題・詳細な解説を付す決定版。

方法序説
ルネ・デカルト
山田弘明訳

「私は考える、ゆえに私はある」。近代以降すべての哲学は、この言葉で始まった。世界中で最も読まれている哲学書の完訳。平明な徹底解説付。

社会分業論
エミール・デュルケーム
田原音和訳

人類はなぜ社会を必要としたか。社会はいかにして発展するか。近代社会学の嚆矢をなすデュルケーム畢生の大著を定評ある名訳で送る。（菊谷和宏）

公衆とその諸問題
ジョン・デューイ
阿部齊訳

大衆社会の到来とともに公共性の成立基盤は衰退した。民主主義は再建可能か？プラグマティズムの代表的思想家がこの難問を考究する。（宇野重規）

旧体制と大革命
A・ド・トクヴィル
小山勉訳

中央集権の確立、パリ一極集中、そして平等を自由に優先させる精神構造――フランス革命の成果は、実は旧体制の時代にすでに用意されていた。

ニーチェ
ジル・ドゥルーズ
湯浅博雄訳

〈力〉とは差異にこそその本質を有している――ニーチェのテキストを再解釈し、尖鋭なポスト構造主義的イメージを提出した、入門的な小論考。

カントの批判哲学
ジル・ドゥルーズ
國分功一郎訳

近代哲学を再構築してきたドゥルーズが、三批判書を追いつつカントの読み直しを図る。ドゥルーズ哲学が形成される契機となった一冊。新訳。

本書は、「ちくま学芸文庫」のために書き下ろされた。

ちくま学芸文庫

インテリジェンス
——国家《こっか》・組織《そしき》は情報をいかに扱《あつか》うべきか

二〇一二年一月十日　第一刷発行
二〇二三年三月十五日　第七刷発行

著　者　小谷賢（こたに・けん）

発行者　喜入冬子
発行所　株式会社　筑摩書房
東京都台東区蔵前二―五―三　〒一一一―八七五五
電話番号　〇三―五六八七―二六〇一（代表）
装幀者　安野光雅
印刷所　明和印刷株式会社
製本所　株式会社積信堂

ISBN978-4-480-09418-6 C0131